Série A. N° 35
N° D'ORDRE
423

THÈSES

PRÉSENTÉES

A LA FACULTÉ DES SCIENCES DE PARIS

POUR OBTENIR

LE GRADE DE DOCTEUR ÈS-SCIENCES NATURELLES

PAR

HENRI HERMITE
LICENCIÉ ÈS-SCIENCES NATURELLES

1re THÈSE — ÉTUDES GÉOLOGIQUES SUR LES ILES BALÉARES (MAJORQUE ET MINORQUE).

2e THÈSE — PROPOSITIONS DONNÉES PAR LA FACULTÉ.

Soutenues le juillet 1879 devant la Commission d'examen.

MM. HÉBERT, *Président.*
DUCHARTRE, DE LACAZE-DUTHIERS, *Examinateurs.*

PARIS
F. PICHON, IMPRIMEUR-LIBRAIRE,
14, RUE CUJAS, ET 7, RUE VICTOR-COUSIN.

1879

ACADÉMIE DE PARIS

FACULTÉ DES SCIENCES DE PARIS

Doyen	MILNE EDWARDS, professeur.	Zoologie, Anatomie, Physiologie comp.
Professeurs honoraires.	DUMAS.	
	PASTEUR.	
Professeurs	CHASLES	Géométrie sup^re.
	P. DESAINS	Physique.
	LIOUVILLE	Mécanique ration^lle.
	PUISEUX	Astronomie.
	HÉBERT	Géologie.
	DUCHARTRE	Botanique.
	JAMIN	Physique.
	SERRET	Calcul diff^el et intégr.
	H. SAINTE-CLAIRE DEVILLE.	Chimie.
	DE LACAZE-DUTHIERS	Zoologie, Anatomie, Physiologie comp.
	BERT	Physiologie.
	HERMITE	Algèbre supérieure.
	BRIOT	Calcul des probabil. Physique mathém.
	BOUQUET	Mécanique physique et expérimentale.
	TROOST	Chimie.
	WURTZ	Chimie organique.
	FRIEDEL	Minéralogie.
	O. BONNET	Astronomie.
Agrégés	BERTRAND	Sciences mathémat.
	J. VIEILLE	Sciences mathémat.
	PELIGOT	Sciences physiques.
Secrétaire	PHILIPPON.	

ÉTUDES GÉOLOGIQUES

SUR

LES ILES BALÉARES

PREMIÈRE PARTIE

MAJORQUE ET MINORQUE

PAR

HENRI HERMITE

PARIS

F. PICHON,
IMPRIMEUR,
14, Rue Cujas, 14.

F. SAVY,
ÉDITEUR,
77, Boul. St-Germain, 77.

1879

A

M. HÉBERT

MEMBRE DE L'INSTITUT
PROFESSEUR A LA FACULTÉ DES SCIENCES
DIRECTEUR DU LABORATOIRE DES RECHERCHES GÉOLOGIQUES

Hommage de reconnaissance
et de profond respect.

A

M. MUNIER-CHALMAS

SOUS - DIRECTEUR
DU LABORATOIRE DES RECHERCHES GÉOLOGIQUES
DE LA FACULTÉ DES SCIENCES DE PARIS

Hommage de reconnaissance
et de profonde amitié.

GÉOLOGIE

DE MAJORQUE et MINORQUE

INTRODUCTION

La situation des îles Baléares au milieu de la Méditerranée entre la France, l'Espagne et l'Algérie, m'a fait penser qu'une étude approfondie de ces îles, serait intéressante et relierait heureusement les observations déjà faites dans les pays que je viens de citer.

D'un autre côté, comme il m'avait paru résulter de la lecture des différents travaux géologiques qui avaient été faits sur ces îles, qu'il restait encore beaucoup de points à éclaircir et de nombreuses recherches à entreprendre, j'ai consacré six mois de l'année 1878 à l'étude de Majorque et de Minorque. Je ferai très prochainement un autre voyage dans ces régions afin de compléter mes recherches par l'étude d'Iviça et de Formentera.

Le travail que je présente ici a été exécuté au laboratoire des recherches géologiques qui a pour directeur mon savant maître M. Hébert; qu'il me soit permis de lui exprimer ici toute ma gratitude, pour les savants conseils qu'il a bien voulu me donner pendant quatre ans et pour la libéralité avec laquelle son laboratoire est mis à la disposition de tous les travailleurs.

Je suis aussi très-heureux que cette circonstance me permette de donner un témoignage public de ma reconnaissance envers M. Munier-Chalmas sous-directeur du laboratoire dont le dévouement est toujours à la disposition des personnes qui font des recherches et dont la science m'a été particulièrement d'un grand secours.

Je ne terminerai pas sans adresser des remercîments à M. le docteur Marès dont les travaux sur la flore des Baléares sont bien connus, à M. Sauvageau qui m'a accompagné dans mes excursions et à qui je dois la connaissance de faits intéressants et enfin à MM. Jaume, Cardona y Orfila, Pons y Soler, Rodriguez y Femenias et Saura en reconnaissance du sympathique accueil que j'ai reçu dans leur pays.

Avant d'entrer dans l'exposé des faits, et pour faciliter les recherches, je dois indiquer ici le plan que j'ai suivi dans cet ouvrage.

J'ai divisé mon travail en six chapitres renfermant plusieurs paragraphes.

I. *Historique.* — Dans ce chapitre j'analyse brièvement d'une manière générale tous les travaux qui ont trait à la géologie des Baléares.

II. *Orographie.* — Sous ce titre je donne un aperçu des reliefs du sol et de ses rapports généraux avec les terrains qui entrent dans sa constitution.

III. *Stratigraphie.* — Dans la partie stratigraphique, les relations qui existent entre les différentes assises, sont exposées en commençant toujours par l'étude des couches les plus anciennes. Ce chapitre est divisé en paragraphes correspondant aux divisions principales et secondaires des terrains. A la fin de la description de chaque étage on trouvera le résumé des faits observés, suivi d'une courte analyse des travaux antérieurs.

IV. *Pétrographie.* — L'étude microscopique des roches éruptives a été faite par MM. Fouqué et Michel Lévy. Je l'ai fait précéder de quelques observations sur l'âge de leur éruption.

V. *Paléontologie.*— Ce chapitre renferme le commencement des études que je dois faire sur les mollusques fossiles des îles Baléares; il est accompagné de deux planches.

VI. *Résumé général.* — Pour simplifier l'étude de la géologie des îles Majorque et Minorque, j'ai pensé qu'il était utile de passer rapidement en revue les différents terrains qui entrent dans leur constitution en renvoyant aux pages où les faits ont été décrits avec détail.

Index bibliographique. — A la fin de ce travail j'ai mis un index indiquant par ordre de date toutes les publications qui sont relatives à la géologie des Iles Baléares.

I

HISTORIQUE

Avant de donner le résultat des observations géologiques que je viens de faire aux îles Baléares, j'ai pensé qu'il était utile et intéressant de présenter le résumé des travaux antérieurs qui ont trait à la géologie de Majorque et de Minorque.

Je commencerai cette étude par l'examen critique des observations qui ont été faites par les auteurs qui m'ont précédé.

Les guerres du XVIIIe siècle, et l'occupation étrangère attirèrent l'attention sur Minorque. Aussi les premiers travaux concernant les Baléares furent-ils relatifs à cette île.

1752. — Un auteur, qui vivait en Angleterre, et qui fut envoyé à Minorque, Armstrong, donna, en 1752, une histoire de cette île, dans laquelle nous trouvons quelques renseignements sur les productions naturelles de cette région. Son ouvrage renferme deux planches; dans l'une d'elles sont figurés plusieurs oursins appartenant au miocène moyen et des dents de squales.

Une carte de Minorque, très-inexacte et très-incomplète est jointe à ce travail.

On ne sera pas étonné de ne rencontrer dans ce travail, qui a été fait à une époque où la géologie n'était pas encore une science positive, qu'une énumération superficielle des roches les plus répandues et des mines principales que l'on trouve à Minorque. C'est ainsi qu'il y signale la présence des marbres et des ardoises, qu'il indique le cuivre dans la petite île de Colom, le plomb aux environs d'Alayor et qu'il fait remarquer d'une manière générale l'abondance des fossiles à Minorque ; en outre il décrit la Cova Perella, grotte située au sud de Ciudadella.

Le spectacle des couches si bouleversées de la région ancienne de Minorque, inspira une idée juste à Armstrong. A cette époque, où l'on ignorait la succession des nombreux phénomènes qui ont modelé la surface de la terre et où l'on croyait que notre globe devait sa constitution et sa forme actuelle à un phénomène unique, le déluge, il remarqua qu'au mont Santa-Agueda, on observe des couches inclinées de 30 degrés et il se demanda, si des phénomènes importants, tels que de grands tremblements de terre, n'avaient pas eu lieu depuis le déluge et n'avaient pas dérangé de leurs positions premières, des assises qui en raison des lois de la pesanteur avaient dû se déposer horizontalement.

1779. — Vers 1779, Cleghorn reproduisit en partie les observations d'Armstrong, mais il parut ignorer qu'il existât des métaux à Minorque (1). Il y signale la bonne qualité des pierres à bâtir qui sont, dit-il, blanches, tendres, sablonneuses et faciles à tailler ; il fait en outre cette remarque importante que « sur la côte du Nord-Est « la pierre est différente et se trouve en couches « comme l'ardoise. » Cette distinction permet de reconnaître aisément les roches miocènes des assises dévoniennes.

1787. — A la date de 1787 une description des îles Pithyuses et des îles Baléares fut imprimée sans nom d'auteur à Madrid. Cet ouvrage est attribué à D. Miguel Vargas.

On rencontre dans ce travail de bons renseignements topographiques et statistiques, mais il ne donne que peu de faits relatifs à l'histoire naturelle.

Il signale l'existence à Majorque de mines d'or et d'argent, et il cite d'après Pline et Vitruve des mines de cinabre, sans indiquer les points où ces métaux étaient exploités. Il donne une énumération assez complète des roches de Majorque, et signale la présence des *cornes d'Ammon* à Lofre, des *Belemnites* à Santa-Margarita, et d'une

(1) Il en cite néanmoins à l'ile de Colom.

source thermale à Campos. Dans cet ouvrage, Vargas énumère les causes qui selon lui ont empêché les tremblements de terre de faire ressentir leurs effets à Majorque. Cette erreur est due à un manque de littérature, puisque Weyler a rappelé plus tard qu'un tremblement de terre avait eu lieu en 1660; postérieurement à cette date d'autres firent encore ressentir leurs effets en 1749 et en 1775 (1).

Dans la description de Minorque il reproduisit les renseignements qu'avaient déjà fournis les auteurs antérieurs; il n'ajouta que l'indication d'une mine de plomb à Capifort.

1807. — Grasset de Saint-Sauveur, consul de France aux îles Baléares, fit paraître en 1807, les observations qu'il avait faites de 1801 à 1805, sur la topographie et la statistique des Baléares et des Pithyuses.

Le reste de son travail est la reproduction des quelques faits observés par Armstrong et par Vargas.

1814. — Le docteur D. Juan Ramis y Ramis fut le premier Minorcain qui publia une description des richesses de son île (1814). Mais la

(1) On pourrait citer à une époque plus récente les tremblements de terre qui eurent lieu en 1827, en 1835, en 1851 et en 1852. Celui de 1851 a été décrit en détail par M. Bouvy dans le *Bulletin de la Société géologique de France*, 2e série, t. X.

partie géologique ou plutôt minéralogique de ce travail est très-abrégée, elle ne renferme qu'une classification des roches et des minéraux de Minorque, d'après le système de Linné. Le chapitre III, *Fossilia*, est très réduit et n'ajoute rien à ce qu'Armstrong nous avait appris sur ce sujet.

1827. — Je suis heureux d'avoir à citer maintenant le nom d'un géologue dont la France s'honore à juste titre, Elie de Beaumont. Cet illustre savant fit paraître en 1827 quelques observations sur la constitution géologique des îles Baléares. Il fit ce travail d'après les notes, les renseignements et les échantillons qui avaient été recueillis par M. Cambassedés.

Il résulta de l'ensemble des études qu'il fit sur des matériaux pourtant très incomplets, que l'ensemble des formations géologiques des îles Baléares devait être de l'âge des couches qui constituent les montagnes de la Provence ; malheureusement l'absence de fossiles ne lui permit pas de préciser les rapports exacts qui existent entre ces deux régions.

1834. — Le général de la Marmora explora assez rapidement Majorque et Minorque en 1834: il consigna le résultat de ses recherches dans un mémoire auquel il ajouta une esquisse géologique des deux îles et quelques coupes.

Il adopta l'opinion d'Elie de Beaumont et rapporta au lias les calcaires grisâtres, compactes et subcristallins qui entrent dans la constitution de la chaîne de montagnes qui borde la mer. Au-dessus de cette formation, il observa une série d'assises calcaires qui plongent au S.-O. et qui forment les sommets les plus élevés de cette chaîne. Il trouva dans quelques-unes des couches de ce système des Ammonites qu'il rapporta avec raison au terrain crétacé inférieur, mais il commit une erreur grave en disant que les lignites de Binisalem avec fossiles d'eau douce étaient intercalés au milieu de ces strates crétacées. A la partie supérieure des assises lacustres, il signala des calcaires compactes d'un gris jaune, à cassure esquilleuse qui appartiennent au nummulitique ; mais il ne démontra pas l'existence de ce terrain à Majorque, il ne fit que le soupçonner en examinant les marbres avec nummulites du couvent des Dominicains de Palma.

Les terrains tertiaires plus récents n'échappèrent pas à l'attention de la Marmora ; il signala les calcaires fossilifères de Muro, les calcaires tertiaires à grandes huîtres de la colline de Belver, les couches fossilifères des environs d'Algaida et de Lluchmayor, recouvertes par des dépôts très récents qui renferment sur certains points des coquilles identiques à celles qui vivent sur les rivages. Ces calcaires relativement modernes passeraient suivant cet auteur, en s'éloignant de la côte, à un calcaire d'*eau douce* d'un blanc rougeâtre renfermant des Helix et des Cyclostomes. Je montrerai plus loin que cette dernière formation est exclusivement marine.

La stratification inclinée de ces assises quaternaires qui se sont déposées sous l'influence de courants très-accusés, conduisit M. de la Marmora à commettre une autre erreur; il expliqua l'inclinaison de ces couches par une dislocation qui se serait produite après leur dépôt, mais il considéra avec raison le soulèvement de la chaîne principale de Majorque comme étant de date assez récente; cependant il exagéra l'importance du rôle des roches éruptives en les considérant comme étant la cause de ce soulèvement.

Il est à regretter que la Marmora n'ait pas visité la région montagneuse d'Arta, car il ne l'aurait pas assimilée à la partie ancienne de Minorque. Pour faire ce rapprochement malheureux, il se basa sur le parallélisme de ces deux régions et sur la probabilité de la présence de schistes ardoisiers dans cette partie de Majorque.

Il employa dix teintes pour indiquer sur la carte géologique de Majorque la répartition des différentes couches qui entrent dans la constitution de cette région :

1° Les terrains de la chaine montagneuse principale qui longent le bord de la mer sont rapportés avec doute au lias;

2° Une large teinte indique le terrain crétacé dans le reste de la partie montagneuse. Je montrerai que l'extension donnée à cette formation est beaucoup trop considérable;

3° La chaîne d'Arta est considérée comme appartenant au macigno et au calcaire à fucoïdes, c'est-à-dire à l'éocène supérieur et au miocène inférieur;

4° Le terrain tertiaire est indiqué au centre de l'île et près de Palma. (Cabrera est considéré comme appartenant totalement au tertiaire);

5° Au sud de l'île le quaternaire occupe une surface très-étendue. Il sera nécessaire de donner une répartition plus exacte de ce terrain et d'établir des divisions dans ces couches ainsi que dans les terrains précédents ;

6° Le terrain alluvien est indiqué le long de la Sierra principale ;

7°, 8°, 9°, 10°. Enfin les indications minéralogiques relatives aux petits gisements de granit (?), d'amygdaloïde, de gypse, et de lignite sont représentées par quatre teintes spéciales.

Les trois coupes données par la Marmora sont très-schématiques, elles n'indiquent que les rapports généraux des différents terrains.

Il reconnaît trois formations à Minorque :

1° Un terrain formé de schistes et de grès parfois de couleur rouge avec quelques empreintes végétales (Mercadal) couronnés par des dolomies et des calcaires à fucoïdes, système qu'il rapporta au *grès des Apennins* et au *calcaire à Fucoïdes* de la Toscane et de la Ligurie (éocène supér. et mioc. infér.).

2° Des calcaires tertiaires à clypéastres (Ciudadella Mahon) se terminant par un calcaire moellon jaune, commun à toute la région Méditerranéenne.

Il déduisit de la stratification horizontale de ces assises que Majorque devait son relief à un soulèvement plus récent que celui de Minorque, dont les couches tertiaires du même âge, selon cet auteur, seraient plus ou moins disloquées.

3° Une formation quaternaire identique à celle de Majorque.

La répartition de ces trois divisions sur la carte géologique est assez exacte ; néanmoins le quaternaire occupe une surface beaucoup trop étendue. De nombreuses subdivisions devront être établies dans l'espace occupé par le terrain de macigno, et les calcaires à fucoïdes, etc., car ces couches appartiennent en réalité au dévonien, au trias, au jurassique et au néocomien.

1836. — M. Bover donna, en 1836, une description de Majorque. J'ai trouvé quelques renseignements géologiques dans la deuxième édition publiée en 1864 (1). Il indique la présence

(1) Les indications géologiques de la première édition sont beaucoup moins nombreuses.

des *Belemnites* à Santa Margarita, des *Ammonites* à Lofre, à Arta, à Binisalem, à Calvia et à Estellenchs ; il signale en outre la présence de diverses espèces de mollusques fossiles à Arta, Buñola, Binisalem, Fornalutx, Vinagrella près Muro, Santañy, Selva, Sineu, la Muleta ; quoique ces indications soient assez vagues, elles sont néanmoins utiles dans un pays où l'on ne trouve que fort peu de renseignements sur les gisements fossilifères.

M. Bover donne en outre une liste des roches et des minéraux trouvés à Majorque.

Je ne ferai pas l'analyse des idées émises par cet auteur sur la formation de Majorque (*Sistema geologico*, p. 7 à 11). Ce ne sont que des généralités qui ne s'appuient sur aucune donnée stratigraphique.

1843. — Un Américain, M. Foltz, dans une étude sur Minorque, portant la date de 1843, avance à tort que l'île est entièrement formée de pierres calcaires. Il remarqua néanmoins la différence considérable d'aspect qui existait entre la côte Sud et la côte Nord ; la première présente en effet une falaise régulière ; l'autre, au contraire, montre de nombreuses découpures assez irrégulières. Comme Armstrong et la plupart des auteurs qui ont écrit sur Minorque, il attribue cette différence aux tempêtes qui sévissent avec une intensité plus grande sur la côte septentrionale. Cette cause a dû certainement agir sur la forme du rivage, mais je crois que la configuration actuelle est due surtout aux nombreuses failles et plis qui se sont produits dans cette région, ainsi qu'à la variété de composition minéralogique du sol.

Une autre erreur qui doit être relevée, est celle qui a trait aux rivières ou plutôt aux petits ruisseaux de Minorque qui, suivant cet auteur, se trouveraient complétement à sec pendant l'été.

1845. — Dans le *Bulletin de la Société géologique de France*, on trouve l'analyse faite par M. Paillette d'une note manuscrite de M. Bouvy, sur une coupe de la colline de Binisalem.

Cette coupe indique la présence de marnes noires avec *Paludina*, *Lymnea*, et deux bancs de lignites exploités et intercalés dans un système de couches formées de calcaires compactes avec Belemnites et Ammonites appartenant au terrain crétacé. Cette note, comme on le voit, n'est que le développement de l'opinion erronée émise par M. de la Marmora sur l'âge des lignites de Binisalem.

1852. — M. Bouvy, ingénieur de l'exploitation des mines de lignites de Binisalem publia, en 1852, un travail géologique sur Majorque. Adoptant les déterminations de la Marmora, il décrivit avec de nouveaux détails les diverses strates et les principales roches de l'île. Les erreurs contenues dans ce travail et notamment celle qui est relative à la présence de l'*Hippurites sulcatus* Defr., à Majorque ont été réfutées par M. Jules Haime dans sa notice géologique.

1854. — Dans un travail intéressant ayant trait aux Baléares, le docteur Weyler reproduisit encore dans le courant de l'année 1854, les idées émises par MM. de la Marmora et Bouvy.

1855. — J'ai maintenant à analyser le travail le plus complet au point de vue paléontologique que l'on possède sur Majorque, et qui parut en 1855.

M. Haime dans un voyage qu'il fit en 1853 découvrit un grand nombre de faits nouveaux et intéressants; il rectifia en outre plusieurs erreurs importantes.

Ce savant distingué démontra que les calcaires gris de la cordillère septentrionale appartiennent bien au lias, assimilation théorique qu'Élie de Beaumont n'avait pu appuyer de preuves paléontologiques; aucun fossile en effet n'avait été cité par cet auteur à l'appui de son opinion. M. Haime donna une liste de quinze espèces liasiques recueillies à la Muleta, près de Soller, dans un gisement découvert en 1850 par M. le docteur Paul Marès.

M. Haime rapporta au terrain oxfordien une partie des roches considérées par la Marmora comme appartenant au crétacé inférieur. Je discuterai plus loin cette opinion, et je montrerai que si le *terrain oxfordien* existe à Majorque, il se trouve sur des points qui n'ont pas été étudiés par M. Haime et que les couches attribuées à l'*étage oxfordien* par cet auteur, font partie du système des calcaires à *Ammonites transitorius.*

La Marmora et M. Pareto avaient rapporté quelques espèces d'Ammonites de Majorque au terrain crétacé inférieur, sans donner de déterminations spécifiques, mais M. Haime détermina quatre espèces néocomiennes trouvées dans les environs de Binisalem et de Selva ; ce sont : *Ammonites subfimbriatus* d'Orb., *Am. recticostatus* d'Orb., *Belemnites dilatatus* Blainv. *Bel. bicanaliculatus* Sch.

Cet éminent paléontologiste admit l'existence à Majorque d'assises crétacées supérieures au néocomien ; il se basa sur la présence du *Placosmilia Parkinsoni* Edw. et H., et de l'*Heliaster sulcatilamellosa* Edw. et H., qui existaient dans la collection Conrado, et du *Cyclolites elliptica* qu'il avait vu dans celle de M. Bouvy ; je n'ai pu malgré mes nombreuses recherches, découvrir aucune trace de ces espèces et je crois que malgré les apparences souvent si trompeuses produites par les failles, le néocomien est le représentant le plus élevé des terrains secondaires de Majorque. Je n'admets pas non plus *à fortiori* l'existence du crétacé supérieur dont la présence est considérée comme possible par M. Haime, d'après un polypier, *Parasmilia centralis*, Mant. sp., trouvé sur la route d'Inca à Santa Magdalena, dans un calcaire grenu un peu siliceux. M. Haime reconnaît d'ailleurs que la présence de cette seule espèce est une preuve insuffisante en faveur de son opinion.

L'existence des dépôts nummulitiques avait été soupçonnée à Majorque par M. de la Marmora ; depuis, M. Bouvy avait cru pouvoir signaler la présence des *nummulites* à Binisalem, mais l'examen des échantillons de sa collection démontra bien vite à M. Haime que ces prétendus corps organisés n'étaient en réalité que des concrétions calcaires. Le terrain nummulitique existait cependant réellement à Majorque, puisque M. Haime recueillit entre Alaro et Binisalem les trois espèces suivantes de nummulites :

N. Ramondi Defr. ;
N. intermedia d'Arch. ;
N. planulata d'Orb.

C'était une découverte importante pour la géologie des Baléares ; malheureusement M. Haime fut moins heureux pour déterminer la place de la formation lacustre à lignites, qu'il plaça à tort au-dessus du terrain nummulitique. Je montrerai plus loin que cet étage doit être rapporté au terrain tertiaire et qu'il se trouve placé au-dessous des calcaires nummulitiques de l'éocène moyen.

M. Haime signale en quelques mots la présence des dépôts miocènes qui paraissent occuper suivant lui plusieurs petits bassins isolés : il cite l'*Echinanthus gibbosus* à Muro, l'*Ostrea longirostris* à Belver et l'*Ostrea crassissima* dans les marnes de Deya.

Les formations tertiaires supérieures (pliocène) seraient représentées à la base de la colline de Belver par des couches renfermant *Voluta Olla* Schroet, *Conus mercati* Broc., *Tellina lacunosa* Lamck.

Des assises quaternaires ont été observées par M. Haime à l'Est de Palma et aux environs d'Arta. Les nombreux fossiles que renferment ce terrain appartiennent à des espèces qui vivent aujourd'hui dans la Méditerranée.

M. Haime donna une liste contenant douze espèces de mollusques marins. Il ne parla pas du terrain quaternaire à *Helix* signalé par M. de la Marmora.

Le travail que je viens d'analyser peut se résumer ainsi, d'après l'opinion de M. Haime.

1° Les terrains les plus anciens de Majorque sont formés par le lias moyen et le lias supérieur ;

2° L'oxfordien existe à Binisalem et sur d'autres points de l'île ;

3° Le néocomien, la craie tuffau et peut-être la craie blanche sont représentés à Majorque ;

4° Le terrain nummulitique est bien développé aux environs de Binisalem ;

5° L'étage lacustre situé au-dessus du terrain nummulitique doit probablement être rapporté à l'étage des gypses de Provence ;

6° Le miocène se trouve sur quelques points de Majorque, il est représenté par des couches à *Clypéastres* et à *Ostrea crassissima ;*

7° Le pliocène existe à la base de la colline de Belver ;

8° Le quaternaire bien développé, renferme une belle faune aux environs de Palma et d'Arta (1).

On voit par ce court exposé que malgré les quelques erreurs que j'ai indiquées précédemment, M. Haime a contribué pour une large part à l'augmentation de nos connaissances géologiques sur les îles Baléares. Je suis heureux de rendre cette justice au savant qui a fait en collaboration soit avec M. d'Archiac, soit avec M. Milne-Edwards les deux admirables travaux paléontologiques, qui seront toujours des modèles de science et d'exactitude.

1857. — Dans une note sur les lignites des îles Baléares, datée de 1857, M. Bouvy combat l'opinion de M. Haime relative à la place que doivent occuper les lignites. Il donne une coupe des couches en litige, dans laquelle on voit la succession suivante : à la base, des calcaires exploités comme marbre, puis des calcaires argileux. Ces deux as-

(1) Ce travail est accompagné d'une planche où sont figurées cinq espèces nouvelles.

sises renfermeraient l'*Ammonites subfimbriatus* (il y a confusion ; l'assise inférieure appartient à la zône de l'*Ammonites transitorius*, la seconde seulement contient la faune des assises à *Crioceras Duvalii*). Au-dessus des calcaires néocomiens, on voit dans la coupe de M. Bouvy la formation lacustre recouverte par le terrain nummulitique; mais trompé par une faille qui ramène les couches crétacées, il fait reposer sur le nummulitique des calcaires néocomiens à *Ammonites, Belemnites, Scaphites*, qui sont recouverts à leur tour par des assises renfermant des *Nummulites*.

En 1857, M. de la Marmora reproduisit dans son voyage en Sardaigne, les observations qu'il avait faites auparavant à Majorque et à Minorque sur le terrain quaternaire; mais il ajouta dans la planche III de ce travail, deux coupes (fig. 6 et 7) montrant ce terrain aux environs de Palma et de Ciudadella.

1865. — Dans une note relative à la botanique des Iles Baléares, publiée en 1865, M. le Docteur Paul Marès, rapporta une partie des terrains de Minorque à la période secondaire. Les couches qui renferment les schistes ardoisiers lui paraissent devoir être assimilées au terrain paléozoïque. Quant à la partie sud de l'île il la considère avec de la Marmora comme appartenant au terrain tertiaire.

Il admet que toute la série secondaire est représentée à Majorque depuis le trias jusqu'à la craie chloritée et même jusqu'à la craie blanche, si les lignites de Selva appartiennent à l'étage de Fuveau, ce que M. Marès considère comme probable.

1868. — M. Rodriguez, botaniste distingué, dans un ouvrage sur la flore de Minorque publié pendant les années 1865 à 1868, nous donne quelques renseignements géologiques dans le chapitre intitulé : *Constitution physique et climatologique.* Il croit que les schistes et les grès de la région nord doivent être rapportés au terrain primaire et au trias; les calcaires qui sont supérieurs à ce système appartiendraient au lias comme ceux d'une partie de la grande cordillère de Majorque.

Ces idées sur l'âge de la région nord de Majorque sont plus justes que celles de la Marmora. Il est regrettable que M. Rodriguez n'ait pas découvert d'horizons fossilifères qui lui aient permis de fixer exactement la place de ces couches dans la série géologique ; il crut même que ces assises avaient dû subir une action métamorphique qui avait détruit les restes organiques. « Como en todos los « terrenos metamorficos los fosiles faltan comple- « tamente, y es por lo mismo muy dificil determi- « nar la edad de estas rocas. »

Quant au calcaire de la partie méridionale de

Majorque, il y voit à tort les représentants des trois termes de la série tertiaire. Le pliocène s'y trouverait caractérisé par le *Pecten Jacobeus* (le fossile cité sous ce nom est le *Pecten latissimus* du miocène moyen. Le miocène serait représenté par les couches à *Cypræa, Terebra, Fusus, Conus;* l'éocène par les couches à dents de squales ; cependant je dois ajouter que M. Rodriguez considère la présence du terrain tertiaire inférieur à Minorque comme étant douteuse, les calcaires nummulitiques si caractéristiques n'ayant pas été trouvés dans l'île.

1867. — Un nouveau travail de M. Bouvy publié en 1867 est l'ouvrage le plus récent que l'on possède sur la géologie de Majorque.

Le lias moyen y est considéré comme le terrain le plus ancien de l'île.

L'oxfordien serait formé par des calcaires compactes coralliens avec nombreuses veines spathiques, alternant avec des calcaires argileux bruns dans lesquels on voit des fragments d'Ammonites et de Belemnites ; M. Bouvy cite une localité fossilifère aux environs de Soller, mais il ne donne pas la détermination spécifique des fossiles qu'il y a trouvés. Suivant l'exemple de la Marmora il donne une extension beaucoup trop grande au terrain néocomien, car il place dans la partie inférieure de ce terrain les sables de la côte N.-O. de Majorque qui appartiennent au trias; cette assimilation le conduit à placer dans le néocomien, les sables micacés, les ardoises argileuses et les dolomies de Minorque qui appartiennent au dévonien, au trias et au jurassique.

M. Bouvy place aussi dans le néocomien les sables et les ardoises calcaires que l'on observe aux environs de Bañalbufar. La description qu'il donne de ces assises n'est pas très-claire; mais sur sa carte elles sont représentées par la teinte du néocomien; je montrerai qu'elles doivent être placées dans le terrain tertiaire.

On peut donc dire que dans la partie Nord-Ouest de l'île, presque toute la série des différents terrains de Majorque a été considérée par M. Bouvy comme appartenant au néocomien.

Sur les 18 espèces citées par cet auteur, 15 seulement appartiennent réellement à cet étage; les trois autres : *Cyclolites elliptica*, *Ammonites plicatilis* et *Belemnites hastatus*, appartiennent à d'autres terrains; j'expliquerai plus loin la cause probable de ces erreurs. Quant à la présence de l'*Ammonites athleta* à Binisalem, je partage l'opinion de M. Bouvy qui pense que cette espèce, citée par M. Haime d'après un échantillon rapporté par de la Marmora, n'a jamais été rencontrée dans cette localité.

M. Bouvy admet l'existence du terrain crétacé supérieur dans l'île de Majorque; c'est, dit-il, une association de calcaires argileux et schisteux, de macignos et de conglomérats peu agglutinés. On n'y a rencontré qu'un seul fossile, le *Trochosmilia Parkinsoni* Edw. et H., déjà cité par M. Haime. En étudiant ce dépôt près de la station de Marratxi, dans un des points signalés sur sa carte géologique comme se rapportant au crétacé supérieur, j'ai vu qu'il correspondait aux calcaires à *Ostrea crassissima* de San Marcial.

M. Bouvy vit la véritable place de la formation lacustre, lorsqu'il la plaça dans son dernier travail au-dessous des calcaires nummulitiques. Quand je parlerai de ces deux étages je donnerai les coupes publiées par cet auteur.

M. Bouvy cite dans les calcaires blancs des environs de Muro, les fossiles miocènes suivants: *Ostrea crassissima*, *O. longirostris*, *Clypeaster umbrella*. Pour lui le terrain pliocène constitue les plateaux élevés des trois îles (Majorque, Minorque, Iviça). Il cite à la base de cette formation des couches calcaires renfermant *Conus Mercati*, *Voluta Olla*, *Tellina lacunosa*, et, à la partie moyenne, des calcaires lacustres avec *Lymnea* et *Helix*.

Il place les conglomérats qui sont si développés au pied de la Sierra du Nord, dans le quaternaire, ainsi que les couches fossilifères citées par Haime aux environs de Palma. Je rectifierai plus tard les confusions faites entre ces deux niveaux.

Enfin M. Bouvy signale encore à Majorque

quelques points où s'observent de grands dépôts d'alluvions : les marais du Prat de Son Jordy et la région nommée Salabra de Campos.

Nous trouvons dans son essai géologique sur Majorque quelques renseignements concernant les roches éruptives. M. Bouvy croit qu'elles ont joué un rôle géologique important aux îles Baléares ; il admet que le relief de ces îles a été produit par l'éruption d'une grande masse de roches plutoniques (Porphyre vert, Ophite, avec toutes les variétés de Wackes amygdaloïdes et de Variolites). Il fait remarquer, en outre, qu'au contact de ces roches éruptives on voit des calcaires métamorphiques, des dolomies, des gypses et des cipolins.

M. Bouvy n'a pas observé de roches éruptives à Minorque, mais il cite à Iviça, des diorites vertes qu'il a observées dans les murs de la ville.

Voici les localités de Majorque où il observa les roches pyrogéniques :

Vallée d'Esporlas, environs du canal de la Basterña, Mont San Simonet, de Son Noguera à Andraitx, d'Esporlas à Bañalbufar ; vallée de Valdemosa, port de Soller, la Costera, Tuent, la Calabra, vallée de Soller, environs de Lluch et de Mosa à Pollenza.

Dans ces roches, et principalement aux points de contact, on observe quelques minéraux non exploités.

M. Bouvy cite :

1° A Soller, le carbonate de cuivre avec malachite et cuivre gris, dont la richesse ne dépasse pas 4 à 5 0/0 ;

2° Un autre gisement semblable au clos d'Aubarca ;

3° Près de Buñola, un gisement de galène, désignée dans le pays sous le nom de *barniz* (vernis des potiers).

4° Dans les champs de Mosa, au centre des hautes montagnes de Majorque, on voit des fragments épars de quartz avec chalkopyrite, qui proviennent des porphyres;

5° Enfin la galène s'observe à Son Grau, à Barcelonetta et à Son Creus.

M. Bouvy cite, à la montagne de la Argentera, près d'Iviça, la présence de la galène argentifère, dans un calcaire concrétionné, et près de San Juan, des filons irréguliers de galène.

Je ne ferai pas l'analyse de la partie de cet ouvrage qui traite de la comparaison avec le continent, ainsi que l'histoire de la formation géologique de Majorque, à cause des idées par trop inexactes que l'on y rencontre et surtout à cause du peu d'utilité que l'on trouverait à les discuter au point de vue stratigraphique.

M. Bouvy a joint à son travail une carte géologique à une échelle très-réduite (1/600,000 environ) et deux coupes manuscrites que j'ai vues dans l'exemplaire déposé à la bibliothèque de Palma, coupes qui ont été reproduites ainsi que la carte, dans l'ouvrage de Son Altesse l'archiduc Louis Salvator.

Les différents terrains sont représentés par neuf teintes.

On voit, par l'examen de cette carte, que le lias moyen occupe, d'après M. Bouvy, aux environs de Soller, le long de la mer, une région limitée à l'intérieur par l'oxfordien. Cet étage s'étendrait des environs de Pollenza à la Cala de Valdemosa.

La plus grande partie de la région montagneuse qui court du N.-E. au S.-O., serait formée par le néocomien; c'est là que sont répartis les foyers éruptifs de l'île. Le néocomien est figuré au centre de Majorque, sous la forme de deux îlots allongés suivant la direction N.-E. S.-O.

Cet étage se voit encore suivant la même direction dans la partie Est de l'île, aux environs d'Arta. Enfin la plus grande partie de l'île de Cabrera appartiendrait aussi à cette formation.

Le crétacé supérieur est indiqué près de Marratxi et sur plusieurs points entre Inca et Alcudia.

Une même teinte comprend l'étage lacustre et le terrain nummulitique. Une série de petits dépôts éocènes sont indiqués à la base de la sierra principale; on en voit également plusieurs dans les environs des îlots néocomiens du centre; enfin à Felanitx on remarque le dépôt nummulitique le plus méridional.

Le terrain miocène est indiqué sur un seul point, à Muro.

Le pliocène présente avec le néocomien la teinte la plus étendue; il couvre la partie centrale de l'île et longe le néocomien de la région d'Arta, en suivant le rivage de la mer jusqu'à la Cueva de la Hermita. Le pliocène est teinté en outre à la colline de Belver, aux environs de Santa-Ponsa, d'Alcudia et à Cabrera. Aucun dépôt tertiaire n'est figuré le long du rivage Nord-Ouest de l'île.

Le terrain quaternaire ou diluvium est indiqué dans la plaine qui s'étend de Palma vers Alcudia, en passant par Binisalem, Inca et la Puebla.

Enfin des dépôts d'alluvion sont marqués près de Palma, d'Alcudia et de Campos.

La carte de M. Bouvy, malgré les erreurs qu'elle renferme et que je réfuterai dans le cours de mon travail, rend de réels services.

Il est regrettable que dans son essai sur Majorque, M. Bouvy n'aie cité que fort peu de localités où l'on puisse observer la succession des couches et recueillir des fossiles; il s'est toujours contenté de donner des indications vagues et générales.

Je terminerai cet aperçu historique en indiquant encore comme une source de renseignements précieux, la magnifique monographie des îles Baléares, publiée par Son Altesse l'archiduc Louis Salvator. On trouvera dans cet ouvrage un résumé des travaux de M. Bouvy, ainsi que sa carte géologique de Majorque.

II

OROGRAPHIE (1)

Entre l'Espagne et l'Algérie existe un groupe d'îles alignées dans la direction du Nord-Est au Sud-Ouest. Au centre se trouve la plus importante d'entre elles, Majorque: à l'extrémité Est on voit Minorque ; les anciens réservaient le nom de Baléares à ces deux îles et réunissaient sous le nom de Pithyuses les îles Iviça et Formentera qui se trouvent entre Majorque et le cap San Antonio. Aujourd'hui ces quatre îles forment la région des Baléares qui comprend en outre un certain nombre d'îlots tels que Cabrera, Coneja, etc. Quand on consulte la carte, on voit que les Baléares forment une sorte de promontoire très-avancé au milieu de la Méditerranée ; elles constituent pour ainsi dire le prolongement du cap San Antonio.

L'étude des cotes sous-marines nous révèle l'existence d'une crête rejoignant la côte d'Espa-

(1) Je dois faire remarquer qu'on ne trouve sur les cartes topographiques des Iles Baléares que quelques points isolés où les altitudes soient indiquées. J'ai bien relevé la hauteur barométrique de quelques localités, mais comme je n'ai pu vérifier mes mesures par des observations répétées, les chiffres que j'ai enregistrés ne peuvent avoir qu'une valeur approximative.

gne, crête dont Iviça, Majorque, et Minorque sont les sommets les plus élevés; mais cette arête de relèvement qui court vers l'Est sur une longueur de plus de quatre-vingts lieues ne se prolonge pas sous la mer entre Minorque et la Sardaigne (1).

Les deux coupes que je donne ci-après, sont destinées à montrer la forme de la surface terrestre sous-marine comprise d'une part entre l'Espagne et l'Algérie, de l'autre entre l'Espagne et l'Italie.

FIG. 1.

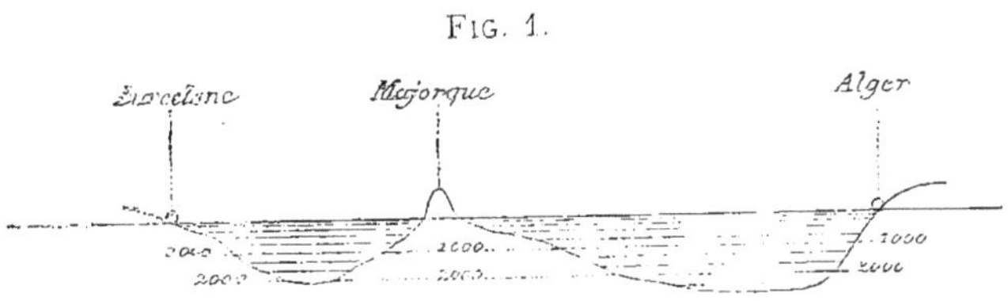

La première coupe qui part de Barcelone pour aboutir à Alger en passant par Majorque est dirigée N.-S. Elle montre que les pentes les plus accusées regardent le Nord et qu'elles sont opposées à des pentes moins rapides qui sont dirigées vers le Sud.

FIG. 2.

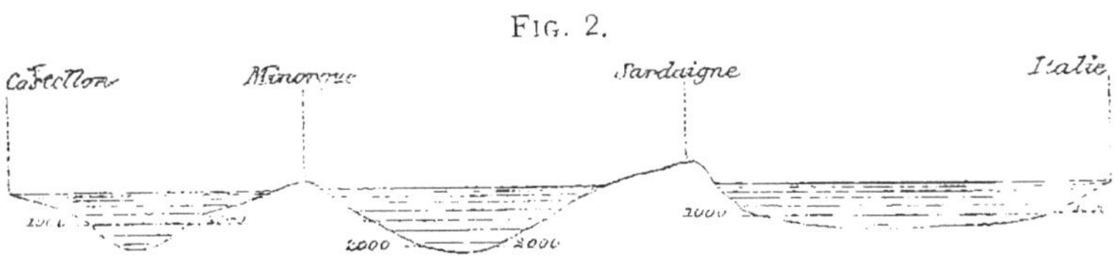

(*Fig.* 2 d'après la Lithologie du fond des mers de M. Delesse.)

(1) M. Bouvy cite dans *Ensayo de una descripcion geologica* etc., d'après les cartes anciennes, un récif entre Minorque et la Sardaigne mais les cartes récentes que j'ai consultées, indiquent une profondeur de plus de 2.000 mètres dans cette partie de la Méditerranée.

La seconde qui part de l'Espagne pour rejoindre l'Italie en traversant Minorque et la Sardaigne est dirigée E.-O ; elle indique les mêmes faits, seulement les pentes rapides regardent l'Est tandis que les pentes plus douces sont dirigées vers l'Ouest. Il résulte donc de ces faits que la ligne de plus grande pente est sensiblement orientée dans la direction du Nord-Est.

Ces dispositions dissymétriques des pentes ont donné lieu à de nombreuses discussions et dernièrement M. de Lapparent a fait à la Société géologique de France une communication très intéressante sur ce sujet que je n'ai pas à traiter ici.

MAJORQUE.

Majorque, comme tout le monde le sait, est la plus grande des Baléares.

Cette île importante a la forme générale d'un quadrilatère dont les quatre extrémités seraient formées par le cap Formentor, l'île de Dragonera, le cap de Salinas et le cap de Pera.

Son plus grand diamètre est de 92 kilom. Son plus petit est de 44 kilom. Comme on le voit il existe une assez grande différence entre ces deux mesures.

Dans la partie méridionale de Majorque on

observe une montagne remarquable par son isolement, son élévation (672 m.) et sa position presque centrale. Le télégraphe à signaux établi dans l'ancien couvent qui domine son sommet constitue un excellent point d'observation. Aussi j'engage les personnes qui voudront avoir une idée générale, mais suffisamment précise des principaux traits topographiques de la grande Baléare, à gravir le sommet du puig de Randa (1); elles seront récompensées de leurs fatigues par la magnificence du panorama qui se déroulera devant leurs yeux.

Au nord la vue est bornée par une importante chaîne de montagne aux découpures pittoresques, boisée sur quelques points, mais généralement aride. C'est la cordillère principale de l'île qui court du N.-E. au S.-O : du cap de Formentor à l'île de Dragonera sur une longueur de 80 kilomètres.

Cette chaine peut se décomposer en trois parties : la partie centrale qui s'étend du puig de Galatzo (989 m.) au puig mayor de Torellas (1463 m.) forme la région la plus élevée. A partir de ces pics, les montagnes diminuent de hauteur à mesure qu'elles s'éloignent du centre et qu'elles s'approchent de

(1) Le Bienheureux Raimond Lull, un des hommes les plus remarquables du moyen-âge, moine, alchimiste et philosophe, vécut dans la retraite au puig de Randa. — Il découvrit l'acide azotique. Son souvenir est loin d'être effacé de l'esprit des Majorcains.

la mer, de sorte que si l'on schématisait les sinuosités plus ou moins irrégulières de la grande chaîne on obtiendrait la figure d'un trapèze, dont la base serait formée par l'intersection de la montagne et de la plaine.

Si le puig de Randa était plus élevé on découvrirait la mer à travers les découpures de la Sierra principale. Mais il est facile de reconstituer par la pensée, le rivage N.-O. de l'île qui nous est caché, si l'on sait que la largeur de la chaîne de montagnes est à peu près constante et qu'à quatorze kilomètres environ de la plaine, la mer baigne le pied des falaises de la région montagneuse.

La pureté du ciel de Majorque permet, sauf de rares exceptions, d'admirer les détails capricieux des masses rocheuses abruptes ou ondulées, si remarquables par leur grande variété de forme et de structure.

C'est dans le fond des principales dépressions que serpentent les chemins qui mettent en communication le rivage N.-O. avec la partie centrale de l'île.

Je citerai parmi les plus importants :

1° La vallée d'Esporlas ;

2° La vallée de Valdemosa ;

3° La route de Soller dont le point le plus élevé s'élève à 562 mètres au-dessus du niveau de la mer ;

4° La vallée de Lluch.

M. Weyler et M. Bouvy admettent trois autres dépressions. Je crois qu'on pourrait facilement augmenter ce nombre, aussi n'ai-je cité que celles qui ont été utilisées par les habitants.

Si du sommet du puig de Randa on observe le pied de la Cordillère, on voit que les pentes générales se raccordent avec la plaine, par des collines ondulées qui se détachent nettement de l'ensemble du paysage. Ces contreforts peu épais, qui sont allongés suivant la direction de la montagne sont bien visibles aux environs d'Alaro et de Binisalem. Ils contrastent par la teinte verte de leurs forêts avec les montagnes généralement nues contre lesquelles ils s'adossent. Ces collines verdoyantes sont formées par le terrain lacustre et le terrain nummulitique ; leur base appartient aux couches à *Ammonites transitorius* et au néocomien à *Crioceras Duvalii*. Les assises calcaires de la montagne appartiennent à des couches d'un âge plus ancien, et il est facile en partant de ces données, de reconstituer la grande faille N.-E. S.-O. de Majorque dont la lèvre relevée et découpée depuis par les agents de dénudation forme le bord de cette admirable cordillère dont la vue est une des beautés du panorama de Randa.

La grande plaine qui s'étend au pied de la région montagneuse forme une large dépression qui traverse l'île de l'Ouest à l'Est, de Palma aux environs d'Alcudia. Formée par des terrains de transport récent, c'est une des parties fertiles de l'île, ainsi que l'attestent les nombreux villages et les fermes importantes que l'on aperçoit dans cette région.

Au pied du puig de Randa, on voit vers Sineu, Santa Margarita, Sansellas, Santa-Eugenia, Marratxi, Algaida, un pays formé tantôt par des collines peu élevées, tantôt par des petits plateaux coupés par quelques ravins ; cette région sans caractère bien net et bien précis, est constituée généralement par le miocène, plus rarement par le nummulitique, le lacustre et le néocomien. Mais si l'on tourne ses regards vers le Sud, on voit que dans cette direction l'île se termine par une région à caractère constant et bien tranché. C'est un platau qui part des environs de Santañy pour rejoindre vers Palma la grande dépression transversale dont j'ai parlé précédemment.

La mer vient battre le pied de la falaise qui termine ce plateau du côté du Sud et qui rend inabordable sur la plupart des points cette partie du rivage de l'île. Ce plateau est constitué ainsi que je le montrerai plus loin par le miocène supérieur.

A 40 kilomètres de Randa, on voit exactement dans la direction du Sud l'île ou plutôt le rocher de Cabrera qu'une oscillation ascendante de 40 mètres rattacherait à la grande Baléare.

Si maintenant l'on se place dans la direction de l'Est on voit que Majorque est terminée entre

Santañy et le golfe d'Alcudia par une région montagneuse à l'extrémité de laquelle se trouve Arta dont la vue nous est cachée par les montagnes au pied desquelles l'on aperçoit deux des plus grandes localités de l'île, Felanitx et Manacor.

On ne peut comparer cette contrée comme aspect topographique à la cordillère septentrionale. Ici en effet, les montagnes ne constituent que rarement des murailles élevées ; elles sont souvent isolées ; souvent aussi elles affectent une forme conique très caractéristique. Il est difficile de s'en faire une idée d'après la carte de Coëllo ; celle de Despuig malgré l'imperfection de la méthode de représentation topographique employée, correspond mieux à l'aspect du pays. La composition du sol de cette région est analogue à celle de la chaîne de montagnes principale. Le terrain jurassique en forme la majeure partie ; il est rarement recouvert par des lambeaux de néocomien, de nummulitique et de quaternaire.

Le puig de Randa et les collines qui l'environnent constituent des environs d'Algaida à ceux de Porreras une troisième région où l'on voit des reliefs assez développés. Formées principalement par le nummulitique et par le miocène, ces collines ne forment qu'un îlot d'une étendue assez restreinte au centre de l'île.

Il résulte de ce coup d'œil d'ensemble que Majorque est constituée essentiellement par une succession de plateaux, de collines et de plaines d'une médiocre altitude au milieu desquels s'élève le massif de Randa. La mer entoure de tous côtés cette région peu élevée, sauf vers le nord où elle s'adosse à la cordillère septentrionale et vers l'est où elle s'appuie au district montagneux d'Arta.

Les cartes topographiques de Despuig y Dameto et de Coëllo indiquent un nombre considérable de rivières et de ruisseaux : mais en été la plupart de ces cours d'eau sont désséchés, et ceux qui ne sont pas taris ne laissent couler qu'un mince filet d'eau. C'est une ressemblance de plus à ajouter à celles qui existent entre l'Algérie et Majorque.

Il y avait autrefois des étangs considérables aux environs de Palma, d'Alcudia et de Campos, mais ils ont été désséchés, ce qu'on doit considérer comme un grand bienfait au point de vue de l'agriculture et de l'hygiène.

MINORQUE.

A dix lieues de Majorque on voit vers l'Est, l'île de Minorque.

Si, pour étudier cette région, on procède comme je l'ai fait à Majorque, c'est-à-dire si l'on se place sur un point élevé, comme le Mont Toro ou le Mont Santa-Agueda, on voit que l'île se divise en deux régions bien délimitées: l'une située au Nord et l'autre au Sud. La première est formée de petites collines souvent arides, parfois couvertes de forêts ou d'une maigre végétation; la deuxième constitue un plateau plus ou moins ondulé, généralement plus fertile et coupé de ravins profonds.

L'ensemble des terrains qui constitue l'île de Majorque est généralement formé de couches calcaires, aussi est-il difficile de diviser Majorque en régions géographiques correspondant à des divisions géologiques naturelles, à cause de l'uniformité de composition minéralogique qui existe entre la plupart des différentes formations. Dans ces conditions, l'aspect extérieur du sol et ses productions sont en général assez semblables partout. Les divisions que j'ai établies dans la description de Majorque résultent plutôt des grands mouvements qui ont atteint les couches, que de leur constitution pétrographique.

A Minorque, au contraire, deux causes impriment un cachet différent au paysage. Ce sont : 1° les mouvements du sol qui ont eu lieu aux époques anciennes; 2° la différence qui existe dans la composition minéralogique des roches qui composent les assises dont cette île est formée.

Si l'on examine, en effet, la région méridionale, on y verra régner une grande régularité ; les couches restent horizontales ou peu inclinées, elles sont formées de calcaires qui présentent à peu près partout un aspect uniforme.

La coupe suivante, qui s'étend de Ciudadella aux environs de Mahon rend compte de la constitution de cette partie de Minorque.

Fig. 3.

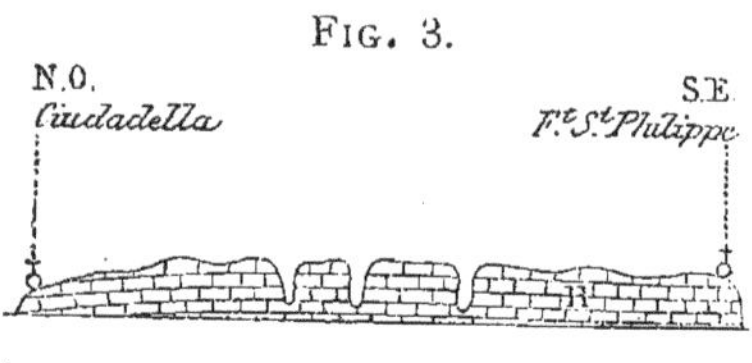

11. Calcaire à Clypéastres.

Si l'on étudie, au contraire, la région septentrionale, on y verra des strates généralement fortement inclinées, de composition variable, et formées de schistes, de grès et de calcaires. L'aspect bouleversé des rochers et des collines, aux environs du Mont Santa-Agueda, avait déjà frappé Armstrong, qui attribuait ces désordres à de grands tremblements de terre.

C'est aussi aux causes précédentes qu'il faut attribuer la différence de formes qui existe entre les rivages de l'île. Au Sud, on voit une falaise régulière, découpée il est vrai, mais ne présentant pas de grandes anfractuosités. Le rivage septentrional, au contraire, montre des golfes profonds, tels que celui de Fornells, de Montgofre et d'autres moins importants, qui en rendent le contour si irrégulier. Ces grandes découpures sont la continuation de grandes dépressions qui s'étendent jusqu'à la région du Sud, c'est-à-dire jusqu'au rivage miocène. La cause de ces dépressions est due surtout à des failles, à des plissements nombreux, plutôt qu'à des actions érosives, qui n'ont pu exercer qu'une influence secondaire ; aussi ai-je déjà combattu l'opinion d'Armstrong (1752) et des auteurs qui avaient cru devoir n'attribuer la forme découpée du rivage septentrional qu'à l'action destructive exercée plus activement par la mer sur le rivage Nord.

Une ligne légèrement sinueuse, qui part de la forteresse de la Mola, à l'entrée du port de Mahon et qui aboutit aux environs d'Algairens, forme la séparation des deux régions (1).

Le plateau du Sud est coupé dans sa partie centrale par plusieurs *barrancos* importants, qui se dirigent du Nord au Sud et dont l'origine se trouve dans la région ancienne de l'île. Les parois souvent à pic de ces ravins présentent de belles coupes pour l'étude du miocène.

Le fonds est formé par des terrains d'alluvion généralement très-fertiles. Aussi la partie basse de tous les *barrancos* est-elle occupée par de riches cultures ; c'est cette particularité qui a fait croire à Armstrong que le terme *barranco* qui, en espagnol veut dire ravin, signifiait terre fertile, potager, etc.

Beaucoup de fermes sont répandues sur le pla-

(1) M. Rodriguez, dans son *Catalogo razonado*, etc. partage aussi Minorque en deux régions par une ligne longitudinale qui divise l'île en deux parties différentes sous le point de vue de la végétation. Au Nord domine le *Myrtus communis* et divers *Erica*. Au Sud on trouve en plus grande abondance le *Rhamnus alaternus* et le *Pistacia Lentiscus* qui est sans contredit l'arbuste le plus commun de l'île.

teau méridional de Minorque et toutes les propriétés de quelque valeur sont entourées de murs. Je passerais ce fait sous silence, si les Minorcains n'abusaient de ces clôtures au point de rendre difficile pour le géologue l'exploration de leur pays. J'ajouterai cependant que cet usage permet de reconnaître immédiatement, en se plaçant sur un point élevé, les parties de l'île les plus fertiles où la population s'est concentrée. Or, il est facile de constater que c'est surtout dans la région Sud, que l'on voit ce nombre exagéré de murailles.

Aux époques anciennes, la répartition de la population correspondait déjà aux divisions que je viens de signaler; on en a la preuve dans le nombre considérable de monuments préhistoriques qui couvrent la région du Sud ; ils sont rares, au contraire, dans le Nord de l'île (1).

Il est presque toujours facile de voir de loin la ligne de démarcation entre la région ancienne et le miocène. Il existe, en effet, suivant cette ligne, une dépression qui est généralement très visible. Je citerai, comme exemple, les environs de Ferrerias à Font Redonas de Dalt, et surtout la dépression qui a formé le magnifique port de Mahon.

Quant à la partie septentrionale de Minorque, elle est loin de présenter l'uniformité d'aspect que l'on voit au Sud. On y remarque trois

(1) Pons y Soler in Oleo y Quadrado : *Historia de la isla de Menorca*

faciès principaux; le premier correspondant au dévonien; le deuxième aux grès bigarrés; le troisième aux terrains secondaires. Aussi pourrait-on y établir des subdivisions correspondant à peu près aux teintes de la carte géologique.

Les régions dévoniennes sont composées de schistes et de grès; elles sont montueuses et peu élevées; celles qui sont constituées par les grès bigarrés présentent des caractères analogues, mais les collines qu'elles forment ont souvent une altitude plus considérable. Je citerai les environs de Ferrerias, de Son Hermita, la grande montagne près San Cristobal, etc.; là les hauteurs qui appartiennent à ce terrain sont souvent boisées, elles ont des arêtes vives et sont couvertes de blocs de rochers éboulés. De loin, on peut facilement reconnaître ces deux divisions à la couleur des terres. Le rouge domine dans le grès bigarré qui contraste par sa couleur vive, avec la couleur terne du dévonien.

Le schéma ci-dessous met ces faits en relief entre Alpuzar et Son Hermita. La lettre E indique le plateau miocène. B et M les régions dévoniennes. A et C les collines triasiques.

FIG. 4.

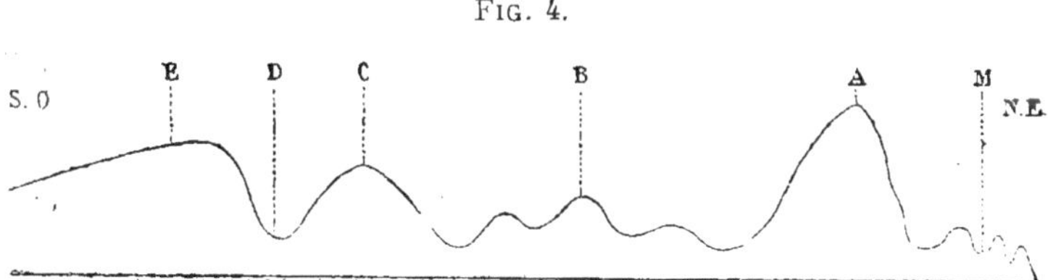

FIG. 5.

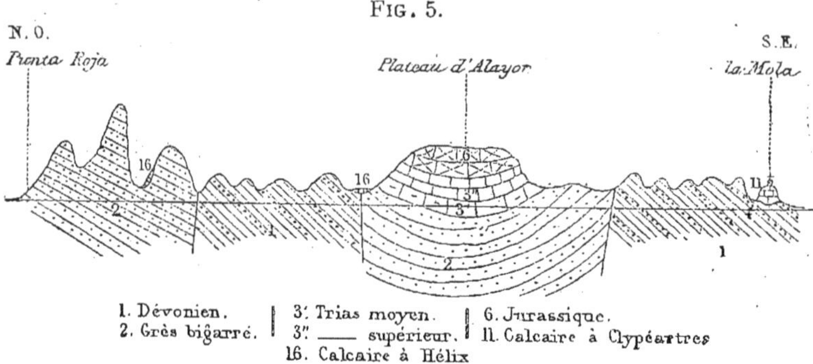

La coupe ci-dessus qui va de Punta Roja à la Mola démontre l'existence de deux régions dévoniennes et de trois régions triasiques, en négligeant, il est vrai, quelques îlots moins importants. La partie centrale du plateau d'Alayor qui délimite les deux premières régions formées par les grès bigarrés, est constituée par le trias moyen et supérieur; on observe encore, au-dessus de ces assises, des couches dolomitiques que je rapporte provisoirement au terrain jurassique inférieur (*Fig.* 5).

Régions dévoniennes.

1° A l'Est, on voit une bande étroite qui est parallèle au rivage de la mer; elle va du cap Favaritx à la Mola;

2° A l'Ouest, une région de forme triangulaire, dont le sommet se trouverait au sud de Mercadal et dont la base s'étendrait de Son Hermita à Fornells.

Régions des grès bigarrés.

1° A l'Est, une bande qui va du golfe de Montgofre aux environs de Mahon;

2° Au centre, une autre bande qui part du Sud de Mercadal pour contourner le mont Toro et se diriger vers le golfe de Fornells ;

3° A l'Ouest, une surface plus étendue que les précédentes, qui se dirige obliquement des environs de Ferrerias vers Algairens. C'est dans cette partie que l'on voit le mieux le type du paysage des grès bigarrés : collines élevées, souvent abruptes et boisées, etc.

Au sud de Ferrerias on observe, au contraire, un plateau uni qui est formé par le miocène.

Quant aux calcaires du terrain secondaire, ils sont presque exclusivement répartis au centre de la région nord, sur une surface qui s'étend des environs d'Alayor à Adaya et au cap Pontinat. Comme les calcaires à clypéastres aux environs d'Alayor, viennent buter contre ces assises, il en résulte que cette partie de Minorque, ainsi que le montre la coupe suivante, est formée exclusivement de couches calcaires.

FIG. 6.

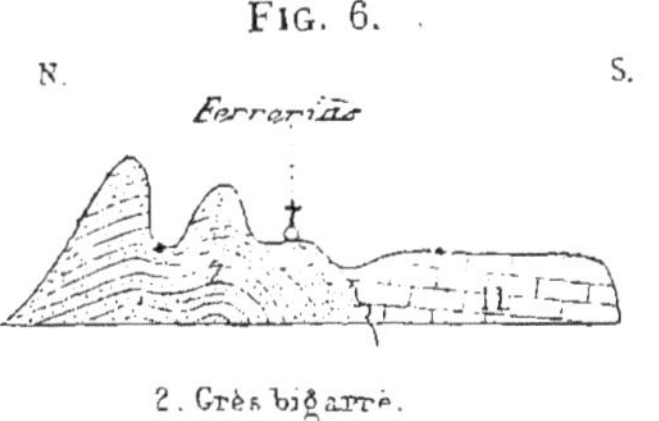

2. Grès bigarré.
11. Miocène moyen.

Les calcaires secondaires sont rarement marneux, et en général impropres à la culture. Il suffit, pour s'en convaincre, d'examiner

FIG. 7.

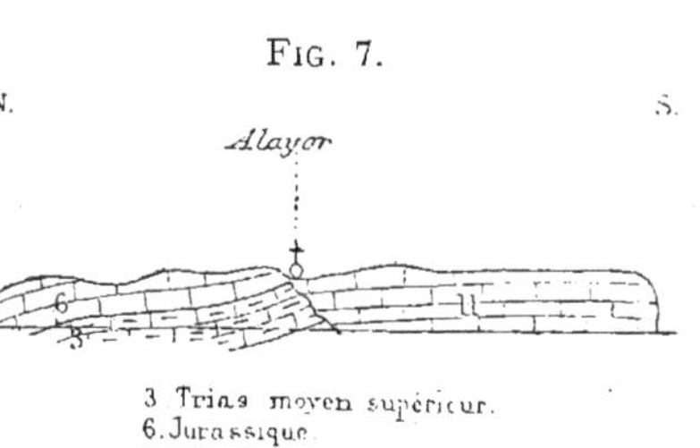

3. Trias moyen supérieur.
6. Jurassique.
11. Miocène moyen.

lesenvirons du cap Pontinat, de l'isthme de Caballeria; du mont Toro, etc., où nous retrouvons le faciès des terrains secondaires si fréquent à Majorque.

Minorque a la forme d'un rectangle dont la grande dimension serait approximativement de 50 kilomètres et la petite de 15. Sa superficie est d'environ 800 kilomètres carrés.

Principales hauteurs.

Le mont Toro est le point le plus élevé de l'île, il s'élève à 340 mètres au-dessus de la mer. Son élévation et sa position centrale en font un excellent point d'observation.

Les autres hauteurs un peu importantes sont réparties dans la région N.-O. de l'île; je citerai parmi les plus remarquables le mont Santa Agueda (300^{m}) les collines du Font San Patricio et la chaîne de collines qui du mont Santa Agueda se dirige vers la mer.

Les rivières ou plutôt les torrents de Minorque ne constituent d'accidents orographiques sérieux que dans la région Sud, où ils forment les grands ravins dont j'ai parlé précédemment. Leur cours est si réduit en été, que Foltz, a écrit qu'ils étaient à sec pendant la saison chaude.

Les étangs sont peu nombreux et sont loin d'avoir l'importance qu'avaient autrefois le Prat ou l'Albufera à Majorque. On observe assez fréquemment à Minorque des dunes formées par la désagrégation des calcaires quaternaires à hélix. Elles existent seulement le long du rivage nord; les plus importantes se voient à Algairens, à Tirant, à Castell. Malgré la violence des vents (1) elles ne s'étendent pas au loin dans l'intérieur des terres.

---

(1) Armstrong fait remarquer qu'à Minorque, les vents sont si impétueux que les arbres sont penchés vers le Sud ; ils n'atteignent que rarement une grande taille et sont souvent rabougris. Majorque se trouve dans une situation différente à cause de la grande Cordillère qui abrite la plaine contre les vents du N.-O. qui sont les plus dangereux.

III

STRATIGRAPHIE

Les relations stratigraphiques des différentes formations géologiques qui entrent dans la constitution des îles Baléares, sont dans la majorité des cas très difficiles à établir, à cause des nombreuses dislocations qui ont bouleversé le pays. Ces dislocations ont été produites par un nombre souvent prodigieux de failles qui ont affecté certains points.

L'apparition des roches éruptives, comme on le verra par les coupes que je donne, ne me paraît avoir exercé qu'une influence presque nulle, ou tout à fait secondaire, sur le relief de cette région.

Aux difficultés que je viens de signaler, il faut encore ajouter celles qui résultent, soit du manque absolu de fossiles, soit de la grande ressemblance minéralogique qui existe entre des couches qui appartiennent à des époques très différentes.

Comme je l'ai dit plus haut, j'ai adopté pour la description des différents terrains, la méthode qui est le plus généralement employée et qui consiste à commencer toujours par l'étude des couches les plus anciennes.

La classification que j'ai suivie pour établir l'ordre chronologique des différentes assises, est celle qui a été adoptée par M. Hébert dans ses nombreux travaux géologiques.

A l'appui des études stratigraphiques que j'ai faites aux îles Baléares je donne dans ce travail, soixante coupes intercalées dans le texte, trois coupes générales et deux cartes géologiques.

TERRAINS PRIMAIRES.

L'existence des terrains primaires dans les îles Baléares, n'avait pas encore été démontrée avant mon voyage dans ces régions.

L'île de Minorque seule, m'a présenté dans sa région Nord un très beau développement du terrain dévonien. A Majorque cet étage fait défaut, car les couches les plus anciennes qui apparaissent au-dessus des eaux de la mer appartiennent au terrain triasique inférieur.

Malgré mes nombreuses recherches, je n'ai pu encore constater l'existence des terrains silurien, carbonifère, houiller et permien. Comme on le voit, dans l'état actuel de nos connaissances, la plus grande partie des termes de la série primaire manque aux îles Baléares.

Cependant je dois ajouter que j'ai vu dans les rues de Mahon des dalles (1) de calcaire noir avec Orthocères; je n'ai pas pu pendant mon séjour à Minorque découvrir leur gisement, mais depuis, j'ai trouvé dans l'ouvrage d'Oleo y Quadrado un passage qui me fait supposer qu'elles proviennent d'un rocher fortifié appelé la Mola, situé à l'entrée du port de Mahon. En effet l'auteur en question dit qu'il existait autrefois près de la Mola des exploitations de pierres calcaires noires très-recherchées pour la construction des tombeaux. Il reste à déterminer l'âge de ces couches. J'espère que dans mon prochain voyage je pourrai découvrir en ce point un représentant du Silurien supérieur.

I. DÉVONIEN.

Le dévonien, comme je l'ai déjà dit, est l'assise la plus ancienne que j'ai observée aux îles Baléares. Il ne se trouve que dans la région Nord de Minorque, dont il occupe le sixième de la surface totale. La découverte d'un horizon fossilifère à Santa Rita entre Mercadal et Ferrerias m'a permis de préciser d'une manière exacte l'âge des

(1) Ces dalles proviennent d'un cimetière construit par les Anglais à Villa Carlos.

schistes et des grès (1) qui forment dans cette île un système de couches si puissant.

Les assises qui nous occupent affleurent assez régulièrement sur un certain nombre de points du nord de Minorque, pour qu'on puisse grouper ces affleurements en trois régions.

Fig. 8.

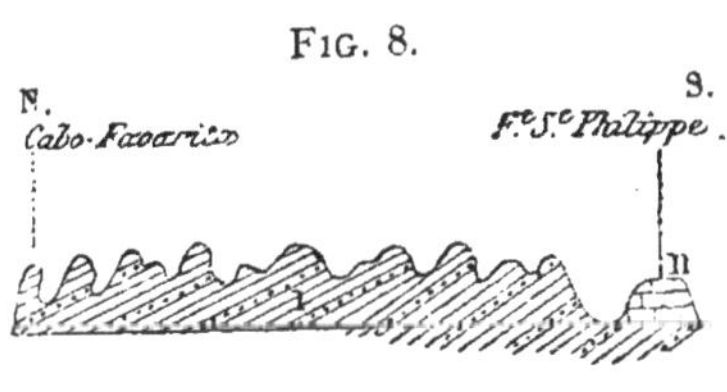

1° A l'Est, une bande dévonienne limitée à l'O. par le trias, s'étend de Mahon au cap Favaritx, comme l'indique la coupe de Cabo Favaritx au fort St-Philippe qui est bâti sur un plateau miocène (calcaire à clypéastres) ;

2° Au centre, un triangle dont le sommet serait au sud de Mercadal et dont la base s'étendrait de Son Hermita à Fornells ;

3° A l'Ouest, un îlot peu important entièrement entouré par le trias entre le mont Santa-Agueda et la plage d'Algairens.

La composition minéralogique de ce système est très variable si on examine les couches en détail, mais il présente dans son ensemble un caractère remarquable d'uniformité et de constance.

---

(1) La roche que je désigne sous le nom de grès ressemble souvent au psammite. Ce sont des grès à grains fins, souvent très-micacés et fissiles. Leur étude microscopique montre qu'ils ont à peu près la composition minéralogique des arkoses ou des grès feldspathiques.

(2) Voir Comptes-rendus, T. LXXXVII, p. 1097.

Les calcaires sont généralement assez rares, ils se montrent sous la forme de dalles noirâtres à l'intérieur, colorées en jaune à la surface, et traversées fréquemment par de nombreuses veinules de spath calcaire blanc.

Les schistes et les grès qui alternent plusieurs fois, sont au contraire très abondants ; on les rencontre en assises assez minces, peu résistantes (1), de couleur terne, ce qui permet de les distinguer au loin des grès triasiques dont la coloration rouge est très prononcée. Ces grès dévoniens, jaunes ou verdâtres qui renferment de nombreuses paillettes de mica blanc, présentent souvent des empreintes végétales ; malheureusement elles sont indéterminables dans la plupart des cas. Les schistes sont noirs, fissiles et forment tantôt des bancs argileux tendres, tantôt des bancs résistants qui fournissent des ardoises exploitées sur certains points, comme à la Mola, par exemple. L'épaisseur de ce système de schistes et de grès est très considérable; la constitution minéralogique assez uniforme de ces différentes assises et la rareté des horizons fossilifères dans un terrain coupé par de nombreuses failles, m'empêchent de donner son épaisseur exacte. Dans les points où il existe de bonnes coupes naturelles on se rendra

(1) Les murs construits avec les matériaux provenant du dévonien ne durent que 7 ou 8 ans, tandis que ceux qui ont été bâtis avec les calcaires miocènes ont une durée bien plus considérable.

aisément compte de la grande épaisseur que doit avoir l'ensemble de ce système. Aussi citerai-je les collines qui s'étendent entre l'arsenal de Mahon et le cap Negro, puis celles qui courrent entre Montgofre et le cap Favaritx. Les nombreuses failles qui augmentent les difficultés de cette étude et qui pourraient faire attribuer à ce terrain une épaisseur exagérée, peuvent être facilement étudiées lorsque l'on examine les coupes de Terra Rotje à Llinaritx Nau et de Rafal Rotje à Son Carlos. J'attribuerai provisoirement au dévonien une épaisseur de 1000 mètres, mais j'ai l'espoir que la découverte d'horizons fossilifères dans cet ensemble si considérable de schistes et de grès permettra de le décomposer en groupes, dont il sera relativement aisé de suivre les allures et de déterminer exactement les épaisseurs.

Je vais maintenant examiner en détail le dévonien et passer en revue les points où les affleurements permettent de l'étudier.

1° RÉGION CENTRALE.

C'est au centre de l'île que j'ai découvert un horizon fossilifère qui offre un point de repère paléontologique important. Cette particularité m'oblige de commencer par cette région.

Je ferai remarquer que le dévonien, en faisant abstraction des petits lambeaux de grès bigarrés qui apparaissent quelquefois au milieu de cette région centrale, est enclavé à l'Ouest au milieu du trias inférieur, par suite d'une faille, et à l'Est il présente une superposition normale.

Route de Terra Rotje à Mercadal (1).

Si l'on suit l'ancienne route de Ciudadella à Mercadal, on marche à partir de Terra Rotje sur le dévonien qui plonge d'une manière constante vers Mercadal, c'est-à-dire vers le Sud Est. Cette circonstance permet de suivre la succession des couches dévoniennes depuis les plus anciennes jusqu'aux assises les plus récentes qui, à Mercadal même, se trouvent recouvertes par le grès bigarré. La coupe suivante exprime les relations des différentes assises.

Fig. 9.

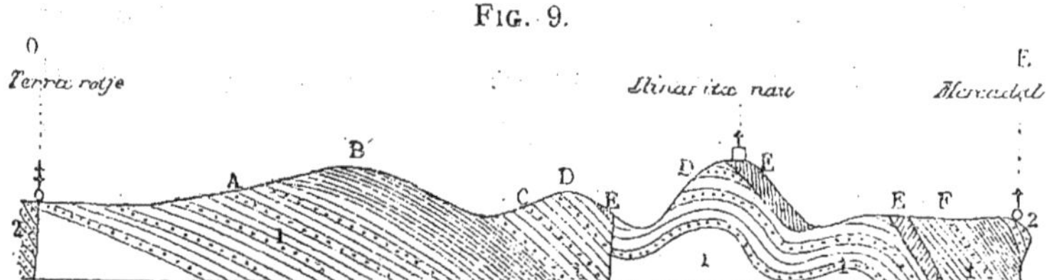

A gauche de la route on voit une colline au pied de laquelle est bâtie la ferme de Terra Rotje. Dans le bas on trouve les grès rouges du trias, mais

(1) Sur la carte de Minorque qui se trouve dans l'ouvrage d'Armstrong, la nouvelle route est déjà indiquée, mais elle n'était pas encore livrée à la circulation lors de mon voyage en 1878.

en gravissant la hauteur, on voit qu'ils sont dans cette situation par suite d'une faille ; la plus grande partie de la colline est formée en effet par une alternance de schistes et de grès micacés bruns jaunâtres avec *Archæocalamites Renaulti*, Herm. alternant avec des bancs minces de calcaires noirs veinés de blanc (A). Le plongement des couches est faible. Jusqu'au col, la route coupe des assises de composition très analogues à celles que je viens de décrire; mais au col on voit des schistes terreux d'une cinquantaine de mètres d'épaisseur (B) plonger à l'Est. Puis on voit en descendant des grès bleuâtres micacés et des schistes assez compactes (C) bien visibles dans une coupe à gauche de la route ; plus loin à un niveau un peu plus élevé (à cause du plongement vers le S.-E.), on voit affleurer des grès jaunâtres et des schistes avec nodules ferrugineux ; les assises se terminent par une alternance de schistes souvent bleu verdâtre et de grès jaunâtres généralement micacés (D). Sur ces bancs reposent des couches siliceuses (1) divisées en petits bancs minces (E) qui forment un excellent horizon très facile à reconnaître, grâce à sa nature minéralogique et qui par son voisinage des couches fossilifères constitue un point de repère excellent. (Dans l'endroit que j'étudie ici je n'ai pas trouvé les fossiles

(1) Voir l'appendice minéralogique.

caractéristiques du dévonien de Santa-Rita, mais, comme je le montrerai plus loin, ce niveau est situé à quelques mètres au-dessous des assises siliceuses).

En continuant à suivre la route vers Mercadal, on constate que les couches quartzeuses précédentes affleurent dans la colline sur laquelle est bâtie la ferme de Llinaritx Nau ; là ces assises sont accompagnées de calcaires blanchâtres. On constate de plus en montant la colline, qu'au-dessous de ces assises se trouvent des alternances de schistes, de grès jaunâtres micacés et de calcaires; il est facile de voir en un mot que les couches de la colline de Llinaritx Nau ont été déjà décrites précédemment et qu'elles réapparaissent ici par suite d'une faille. Plus loin des plissements ramènent encore ces couches, ce qui fait que la route, près de la borne kilométrique n° 22, coupe des escarpements formés par les couches siliceuses diversement colorées et qu'à 500 mètres plus loin, une carrière à droite de la route nous montre encore les mêmes assises. On ne dispose pas malheureusement, à partir de ce point jusqu'à Mercadal, de coupes continues ; là où les couches se montrent à nu, on voit de petites bandes de grès et de schistes grossiers (F) sur lesquelles repose le grès bigarré (2), qui est bien visible dans une tranchée à l'entrée de Mercadal.

Etude de l'horizon fossilifère murin.

Je crois qu'après avoir étudié une coupe générale dans le système des schistes et grès anciens de la région centrale, il est bon d'examiner avec soin la partie fossilifère de ces assises.

Les bancs siliceux s'observent vers le Sud à peu de distance du rivage miocène, près de la ferme de Binifaille.

Les strates plongent au S.-E. et reparaissent trois fois par suite d'accidents locaux ; au-dessous de ces bancs, j'ai observé des grès jaunâtres dans lesquels j'ai recueilli un orthocère de petite taille indéterminable, mais cet indice montre que des recherches patientes en ce point, pourraient être couronnées de succès.

J'ai suivi assez longtemps ces couches en me dirigeant sur Rafal Rotje. C'est vers ce point que commence le gisement fossilifère du dévonien. A l'Ouest et près de la ferme on voit dans une petite vallée affleurer les couches quartzeuses ; elles reposent sur des schistes et des grès contenant des rognons de calcaires noirâtres qui renferment une grande quantité de polypiers et de brachiopodes. De l'autre côté de la ferme vers Mercadal, j'ai revu les couches quartzeuses si caractéristiques, qui reparaissent par suite d'une faille, mais je n'y ai pas rencontré le niveau fossilifère dévonien.

Si de Rafal Rotje on se dirige vers le Nord, on constate la présence des bancs quartzeux au-dessous du *talayot* (1) de Santa Rita. Ici les couches fossilifères dévoniennes sont bien développées et c'est entre ce point et la nouvelle route de Mercadal à Ferrerias que j'ai recueilli le plus de fossiles. Les polypiers dominent dans ces couches et se trouvent disséminés au milieu de schistes plus ou moins gréseux ; la désagrégation de cette roche par les agents atmosphériques, met au jour un grand nombre de fossiles.

J'ai recueilli entre Rafal Rotje et le *talayot* de Santa Rita les espèces suivantes :

Phacops sp. voisin du *P. latifrons*, Bronn;
Goniatites retrorsus de Buch, var. *Amblyglobus ;*
G. sagittarius d'Archiac et de Verneuil in Sandberger;
Platystoma Heberti, Herm. ;
Gastéropodes, 3 spec. indéterm. ;
Productus, voisin du *P. membranacea*, Phil. ;
Productus Chalmasi, Herm. ;
Productus Haimei, Herm. ;
Chonetes, sp. ;
Leptœna Dutertrei, de Verneuil et Keyserling ;
Leptœna, 2 sp. ;

---

(1) Les *talayots* sont des monuments mégalithiques circulaires très-répandus à Minorque. Un de ces monuments a été figuré par Armstrong dans son histoire de Minorque. On ne sait pas encore aujourd'hui d'une façon précise dans quel but, pour quel usage les anciennes populations de l'île ont élevé ces constructions souvent très-importantes.

Orthis canalicula, Schnur ;
Orthis Dumontiana, de Verneuil ;
Rynchonella acuminata, Martin ;
Rynchonella, 3 spec. ;
Atrypa reticularis (type), Dalm. ;
A. reticularis, variété *tenuicostata;*
A. reticularis, variété *crassicosta ;*
A. desquamata, Sowerby ;
Spirifer euryglossus, Schnur ;
S. disjunctus, Sow., variété *protensus*, Phil. ;
Spirifer, sp. ;
Spirigera concentrica, de Buch ;
Terebratula Baconnierensis, Œlhert ;
Encrines, 2 sp. ;
Cyathophyllum, nov., sp. voisin du *C. Sedwidgi*, Edw. et Haime ;
Cyathophyllum, 3 sp. ;
Pachyphyllum Bouchardi Edw. et Haime ;
Acervularia Troschelli, Edw. et Haime ;
Heliolites porosa, Edw. et Haime ;
Favosites fibrosa, Lonsd ;
Favosites cervicornis. de Blainv. ;
Stromatopora, nov., sp.

Cette liste contient un certain nombre d'espèces nouvelles ; il est évident que des recherches patientes et plus suivies mettront au jour d'autres types intéressants. Quoi qu'il en soit, les fossiles cités plus haut suffisent pour fixer dans la série géologique la place du dépôt de Santa Rita, qui devra être synchronisé avec les assises du dévonien moyen.

Les fossiles sont généralement dans un bon état de conservation; ils sont très-nombreux, mais les polypiers l'emportent de beaucoup par leur nombre sur les autres groupes. J'en ai recueilli une grande quantité que je me propose d'étudier plus tard et qui augmenteront d'une manière notable la liste des espèces dévoniennes que je viens de citer.

Si on continue à suivre les affleurements de ces couches, on retrouvera les fossiles dévoniens dans la partie inférieure de la colline vers Mercadal; là on constate qu'ils sont recouverts par des calcaires blanchâtres pétris de tiges d'encrines sur lesquels reposent les couches quartzeuses.

Ces dernières se voient ainsi que je l'ai dit plus haut, dans la colline de Llinaritx Nau et dans l'escarpement situé de l'autre côté de l'ancienne route de Mercadal à Ferrerias. A partir de ce point jusqu'à Ferragut, je n'ai pas de documents sur les affleurements de cet horizon, mais je crois qu'un examen attentif y ferait retrouver ce niveau, car j'ai observé sur le chemin de Mercadal à Ferragut, à la hauteur de la ferme de Binisarraya, des fragments de phtanites ainsi que des morceaux de calcaires blanchâtres qui leurs sont subordonnés.

Le Dévonien fossilifère s'observe encore à Ferragut. J'y ai recueilli les principaux fossiles de la faune de Santa-Rita, mais ce gisement est moins beau que le précédent, les fossiles sont moins nombreux et moins bien conservés. Leur principal gisement se trouve dans un champ à droite de Ferragut-Nau en venant de Mercadal; on aperçoit encore là, les affleurements des couches siliceuses. Près de Ferragut Vei, dans le bas de la colline dont la partie supérieure est formée par les couches de phtanites ou de grès sursiliceux à grains très fins; on voit un deuxième gisement de rognons calcaires fossilifères disséminés dans des grès et schistes argileux jaunâtres.

Entre Ferragut et Fornells dans le fond du golfe de Tirant, j'ai vu reparaître trois fois les couches de grès sursiliceux par suite de failles, mais je n'ai pas trouvé dans cette région les bancs dévoniens fossilifères qui accompagnent ordinairement ce niveau.

Je ferai remarquer que je n'ai trouvé de fossiles qu'aux environs de Rafal Rotje, de Santa-Rita, de Ferragut, c'est-à-dire sur une longueur de 1500 mètres environ. Mais comme les couches quartzeuzes affleurent sur un parcours de 12 kilomètres le long de la ligne jalonnée par Binifaille, Llinaritx Nau, et Ferragut, il est probable que de nouvelles recherches feront découvrir d'autres points fossilifères.

Si on fait abstraction de ces failles secondaires on voit que l'horizon fossilifère dévonien que j'ai décrit, fait partie d'un système de couches qui plongent d'une façon assez régulière vers l'Est et dont la direction générale est Nord-Sud.

La coupe de Terra Rotje à Mercadal nous a montré l'allure générale du terrain primaire ; l'âge de ce terrain ayant été déterminé par la faune marine de Santa-Rita, il nous reste à passer en revue les principaux points de la région centrale où l'on peut étudier le terrain dévonien.

Route de Mahon à Mercadal.

Avant d'arriver à la région élevée qui entoure le mont Toro et après avoir dépassé le kilomètre 17, on voit affleurer le long de la route des schistes et des grès ; ces grès sont parfois très argileux, bruns, gris, quelquefois lie de vin, schistoïdes et fortement calcaires ; ils passent même dans certains points à des bancs de calcaire compacte à pâte très fine coloré en noir par de la matière organique. Au kilomètre 18, avant d'arriver à hauteur de la ferme de Son Carlos, une coupe montre une alternance de grès gris et de schistes verdâtres, dont la stratification est peu inclinée ; j'ai compté 20 bancs de grès de quelques centimètres d'épaisseur alternant avec des schistes.

Après avoir laissé à droite la ferme de Son Carlos, la route présente au col une tranchée qui montre les schistes et les grès relevés jusqu'à la verticale. Enfin, on voit encore des assises très analogues au point de vue minéralogique, affleurer dans les fossés de la route près de Mercadal ; mais à l'entrée du village, les grès bigarrés reparaissent par suite d'une faille.

Si l'on ajoute à cette coupe celle qui va de Terra Rotje à Mercadal, on aura traversé tout le dévonien de la région centrale, dans le sens du plongement général des couches.

Bord sud de la région centrale.

Près du rivage miocène, l'étude du dévonien nous présentera des faits analogues.

FIG. 10.

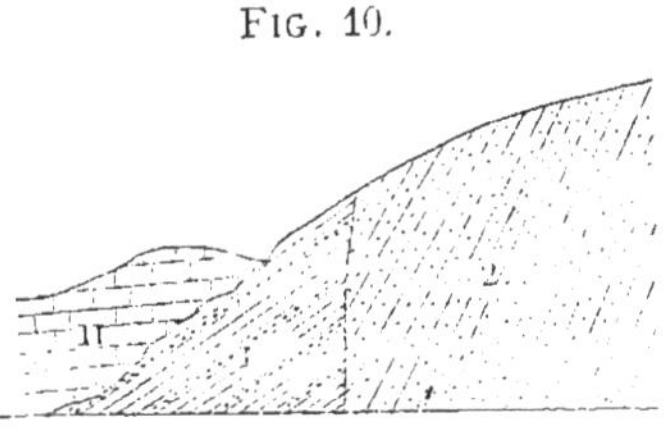

1. Dévonien.
2. Grès bigarré.
11. Calcaire à Clypéastres.

Au kilomètre 13 sur la route de Fornells à San Cristobal on voit sur une trentaine de mètres d'épaisseur des schistes alterner avec des grès jaunes et bleuâtres. C'est contre ces couches dévoniennes fortement relevées que vient buter le miocène. Une faille bien accentuée sépare ici le dévonien du grès bigarré. A 300 mètres du kilomètre 13, en allant vers Fornells, on voit affleurer le long de la route, les schistes dévoniens fortement plissés et contournés. Près de ce point à droite de la route, dans le chemin d'Alayor, on voit les schistes et les grès plonger fortement au S.-E., mais au mamelon d'Es Bech on a le grès bigarré. Le terrain dévonien reparaît avant d'arriver à San Juan ; on en voit une bande assez large qui se dirige vers Spi et Son Carlos.

On voit en somme que les accidents qui ont affecté le terrain à l'Est de Mercadal ont produit un effet très analogue sur les assises qui sont situées plus au Sud et qui réapparaissent dans le même ordre.

Nouvelle route de Mercadal à Ferrerias.

FIG. 11.

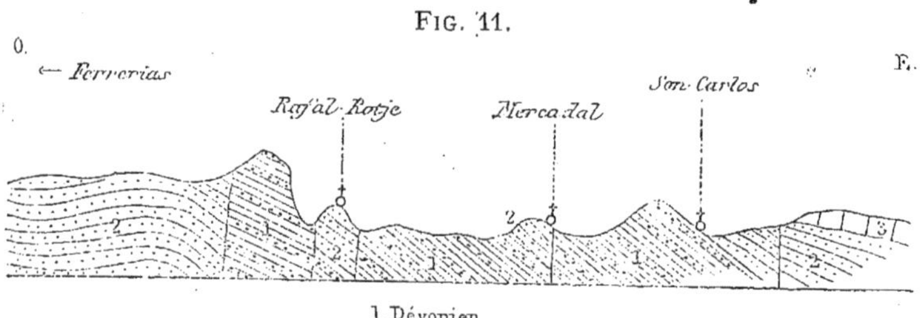

1. Dévonien
2. Grès bigarré.
3. Trias moyen, supérieur

Le torrent qui traverse le village de Mercadal coupe les schistes dévoniens; on les voit affleurer notamment près du pont, à la sortie du village; puis une coupe qui longe la route, montre des grès triasiques qui reposent sur des schistes bleuâtres, verdâtres, terreux. Ces schistes renferment quelques bandes de grès, ils ont une épaisseur qu'on peut évaluer facilement à cent mètres. On voit encore des schistes et des grès divisés en feuillets minces, dans la première tranchée de la nouvelle route de Ciudadella, après qu'on a laissé à sa droite l'ancienne route.

Avant d'arriver au pont, j'ai constaté la présence

de grès micacés avec vestiges de plantes. Ce sont peut-être les couches à végétaux qui ont été observées et signalées à Mercadal par la Marmora.

A cinquante pas au-delà du pont, on rencontre une petite tranchée dans les schistes et dans les grès avec vestiges de plantes ; les grès dominent; à trois cents pas plus loin une belle coupe à gauche de la route, montre les schistes qui plongent à l'Est; j'ai remarqué dans ces assises, une bande de grès argileux grisâtres renfermant une assez grande quantité d'empreintes végétales mal conservées. Puis la route coupe d'abord la faille de Rafal Rotje et quelques pas plus loin, le niveau fossilifère que j'ai décrit précédemment. Au dessous de cet horizon, une grande tranchée au sommet de la colline, montre une coupe de 20 à 25 mètres de hauteur dans des grès gris micacés et des schistes noirs. Les couches plongent au S.-E. ; j'y ai observé des empreintes de débris végétaux parmi lesquels des fragments de tiges de *Archœocalamites Renaulti* de $0^{m},02$ de diamètre. Ces empreintes végétales mal conservées, se rencontrent encore dans des grès colorés en noir par de la matière organique et renfermant des paillettes de mica blanc, et dans des schistes argileux noirs.

A peu de distance du point culminant de la route, on voit apparaître les grès bigarrés par suite de la faille que l'on a déjà constatée à Terra Rotje et qui coupe également la nouvelle route de Ferrerias.

J'ai vu à peu de distance de la grande tranchée près de la ferme de Santa Rita, des grès jaunâtres, grisâtres, terreux, très-micacés, renfermant beaucoup d'empreintes végétales et des calcaires colorés en noir par une matière organique qui présentent en outre de nombreuses veinules de spath calcaire blanc.

Sud de Mercadal.

En sortant de Mercadal par le chemin de Santa Teresa, on voit des grès et des schistes dévoniens plonger vers le mont Toro. On constate aisément que les fermes de Bini-Almaia, Barbaitx, Barbatgi, Nou-Palau, Bini-Sarraya, Binidouera, Liguriac, Ferragut Nau, Vei et Caballeria, sont situées sur le terrain dévonien ; près de Santa Teresa, on voit ces schistes et ces grès relevés presque verticalement, mais plus au Nord, ces couches disparaissent sous des calcaires qui appartiennent à des terrains plus récents.

Dans les environs de l'Arenal de Tirant, on voit également affleurer le dévonien. On l'observe sur la route de Fornells près de la maison du garde. Il y a entre ce point et Bella Mirada, une succession de plusieurs petites failles qui rend l'allure de ces assises assez irrégulière. En continuant à suivre la route vers Mercadal, on voit qu'à sa droite la ferme de Binirgodon est bâtie sur le dévonien ;

près de Mercadal, une tranchée également sur la route, montre encore des schistes et des grès.

Environs du mont Santa Agueda.

En se dirigeant de Cala Barril vers l'Ouest, on ne tarde pas à quitter les grès triasiques pour arriver au dévonien qui est constitué par des schistes et par des grès avec bancs assez minces de calcaires colorés en noir par une matière organique, exhalant une odeur fétide, et souvent traversés par des veines blanches de spath calcaire.

A Cala Calderer, on constate également la présence du même système, que l'on peut suivre jusqu'à Son Hermita.

Les hauteurs au Nord-Est du mont Santa Agueda, montrent à leur base le trias rouge, et à leur partie supérieure, par suite de la faille de Terra-Rotje prolongée, les grès verdâtres avec calcaires noirs. Sur le sentier de Son Antoni à Runa, on voit les couches dévoniennes plonger au Sud-Est. Ce terrain existe également à Runa Nau et à Coloritx.

II. RÉGION OCCIDENTALE.

Cette région qui est fort peu étendue est entourée de tous côtés par les grès bigarrés.

En allant de Ferrerias à Algairens on voit à 300 mètres avant d'arriver à la ferme de Son Pons un petit affleurement dans les schistes et dans les grès dévoniens. Mais c'est surtout de l'autre côté de la route de Ciudadella que ces couches sont bien développées.

Aussi constate-t-on près de Binisouess l'existence de schistes et de grès qui renferment de très mauvaises empreintes végétales; ces grès sont souvent des psammites feldspathiques; ils renferment des paillettes de mica blanc et de très petits grains de matière charbonneuse noirâtre, disséminés par places; les empreintes végétales sont généralement colorées en brun. On voit en outre des calcaires qui contiennent également de nombreuses paillettes très petites de mica blanc et qui sont un peu magnésien; ils sont colorés en noir par la matière charbonneuse et traversés par de petites veinules de spath calcaire; souvent ils présentent quelques parties brun-jaunâtre d'hydrate de fer, résultant de l'altération de la pyrite.

J'ai observé à la surface de ces dalles calcaires des fossiles mal conservés rappelant par leurs ornements certains goniatites ou bien des évomphales. Près de la route, ces couches sont relevées presque verticalement; on les voit ensuite plonger au N.-O. Dans les environs de cette localité les strates sont très bouleversées, et à peu de distance elles plongent parfois en sens inverse.

En allant de Binisouess à Alcaria Blanca, on marche sur les schistes et sur les grès anciens à empreintes végétales; ces assises sont très tourmentées; leur plongement varie de l'horizontal à la verticale. J'ai revu dans les dalles calcaires subordonnées à ces strates, les mêmes fossiles qu'à Binisouess. On doit regretter qu'ils ne soient pas mieux conservés, car la présence de cet horizon près des grès bigarrés, indique un niveau supérieur à celui de Santa Rita; niveau qui est peut-être, un représentant du dévonien supérieur ou du terrain carbonifère.

Dans la colline d'Alcaria Blanca, on voit des alternances de grès gris terreux avec des calcaires en plaquettes à grains très fins, et subsaccharoïdes, ils présentent quelques très petites paillettes de mica blanc et sont colorés en noir par de la matière charbonneuse. A l'intersection des bancs, on voit des remplissages plus ou moins sinueux de trous d'annélides. Les couches grèseuses renferment beaucoup d'empreintes végétales, et plongent vers le mont Santa Agueda.

La coupe ci-jointe de cette colline, montre les relations des assises dévoniennes avec le grès bigarré.

En allant d'Alcaria Blanca à Furis de Baitx, on marche sur les schistes et sur les grès à végétaux qui sont diversement inclinés;

Fig. 12.

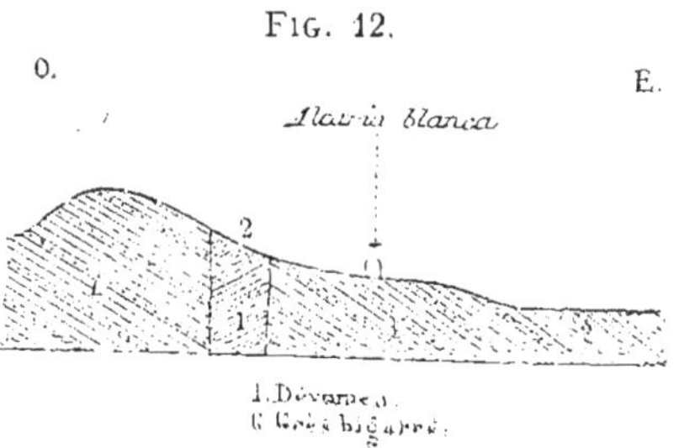

près de cette dernière ferme, on voit des rognons d'hydroxide de fer brun ou jaune, à couches concentriques.

On peut encore étudier le dévonien près du bord occidental de cette région, notamment aux environs de la Modayna, où l'on rencontre les schistes et les grès qui plongent à l'Est; leurs relations avec le grès bigarré montrent qu'ils sont séparés par une faille.

Enfin au Sud, le dévonien existe à la ferme de Santa-Barbara.

III. RÉGION ORIENTALE.

Quand on arrive dans la magnifique rade de Mahon, on est frappé d'admiration à la vue des masses imposantes de rochers qui s'élèvent à droite et à gauche de l'entrée du port. C'est sur elles que sont bâties les anciennes défenses de Mahon, le fort Saint-Philippe à l'Ouest, et les nouvelles fortifications, la Mola, à l'Est. Lorsqu'on a dépassé le Lazaret, et qu'on est arrivé à la hauteur de Villa-Carlos, on voit aisément que le rivage S.-O. de Mahon a la même composition que les rochers qui sont à l'entrée de la rade. Ils sont formés de poudingues ou de calcaires à stratification horizontale, à pentes escarpées et couronnées d'un plateau à leur partie supérieure. Mais on remarque aussi que la rive Nord-Est présente un aspect tout différent. C'est une succession de petites collines à pentes plus ou moins raides qui forment un paysage dont l'aspect est triste et sévère; elles sont incultes, presque inhabitées, rocailleuses et couvertes de maigres arbustes. On peut étudier en détail les assises qui les composent en partant de l'isthme situé en face de l'île de la Quarantaine près du Lazaret, en se dirigeant vers l'Est.

On observe la succession suivante à partir des couches les plus anciennes :

1° Grès verdâtre, bleuâtre micacé avec quelques bandes de schistes. Près de la mer ces couches plongent de 70° au S.-E. A leur partie supérieure ces grès deviennent plus tendres et plus jaunâtres. J'y ai observé un banc de 50 centimètres d'épaisseur de grès grossier avec grains de quartz blancs. 100 m.

2° Schistes tendres, bleus, jaunes, vert-pâle, relevés jusqu'à la verticale; ils renferment des traces d'annélides. 40 m.

3° Grès verdâtres avec bandes de schistes visibles de l'autre côté de la vallée.

Ce système paraît être fort épais, je l'ai suivi vers la mer et je ne crois pas être au-dessus de la vérité en lui attribuant une épaisseur de cinq cents mètres. La plupart des galets que l'on voit dans le miocène, paraissent avoir été arrachés à ces couches. Les schistes enclavés au milieu des grès se transforment parfois en schistes grèseux ou en grès, à des distances assez faibles ; leur direction générale est Nord-Sud et leur plongement a lieu d'une manière assez constante vers le Sud-Est.

Si l'on se dirige des bains de Mahon qui sont situés dans la rade près de l'Arsenal, vers le rivage oriental de l'île, on observe des faits analogues.

En partant des couches les plus anciennes, on voit sur le bord de la mer :

1° Schistes et grès verdâtres.

2° Schistes noirs.

3° Grès schisteux verdâtres.

4° Grès schisteux et schistes.

5° Enfin sur le bord de la mer on voit encore des schistes bleuâtres qui plongent vers l'Est et qui renferment des *Archæocalamites Renaulti* Herm., *Sphenophyllum Maresi* Herm., des traces d'annelides et des empreintes de corps organisés problématiques que je désigne sous le nom de *Minorica.*

Ces bancs doivent correspondre au n° 2 de la coupe précédente.

Au fond de la rade de Mahon sur la rive gauche, on voit un escarpement formé de grès verdâtres foncés et de schistes noirâtres ; les grès renferment quelques galets et quelques empreintes végétales indéterminables.

Dans un ravin au-dessous de la ferme de San Isidoro, on voit un affleurement qui entame des schistes noirs, et bleuâtres, qui se divisent en grandes lames prismatiques (1). On y observe des empreintes végétales, et les corps que j'ai appelés plus haut *Minorica* s'y trouvent en grande abondance.

L'étude de ce niveau sera intéressante au point de vue stratigraphique ; il constitue une excellente ligne de repère au milieu de ces strates si bouleversées et si pauvres en horizons paléontologiques.

J'ai observé près de la ferme de San Isidoro un blanc de calcaire compacte, coloré en noir par des matières organiques; il a 2 ou 3 mètres d'épaisseur au maximum.

Au nord de la région orientale près de la ferme de Montgofre Nau, on voit des grès verdâtres avec empreintes végétales, ces grès qui renferment des galets plongent au S.-E. dans la vallée de Montgofre Nau.

Les grès verts dominent dans cette localité, les schistes jouent un rôle moins important.

En continuant à marcher dans le sens du plongement des couches, on voit des points où les schistes dominent, ils plongent au Sud à 45° environ. On peut donner 500 mètres d'épaisseur au grès, et une épaisseur analogue au système supérieur des schistes et des grès.

---

(1) Ces schistes argileux qui ne sont pas très résistants présentent de nombreuses fissures qui les ont divisés en parallélogrammes suivant les lois qui ont été étudiées dernièrement par M. Daubrée.

Le dévonien dans la région orientale est limité à l'Ouest par le trias dont il est séparé par une faille, il se montre presque toujours à découvert et ce n'est qu'exceptionnellement qu'on le voit sous le miocène (La Mola), ou sous le quaternaire (environs de Montgofre, Pou den Calas).

Résumé.

On a vu par ce qui précède, que le terrain dévonien de Minorque se compose d'une série puissante de schistes et de grès qui atteint près de mille mètres d'épaisseur, et qui renferme quelques bancs de calcaires et de grès sursiliceux.

La partie moyenne de ce système présente des couches calcaires qui renferment une faune marine qui permet d'établir très nettement que cet horizon est synchronique du dévonien moyen.

Au-dessus et au-dessous de ces couches marines qui n'ont pas plus de dix mètres d'épaisseur on observe les grès et les schistes dont j'ai parlé, ils renferment dans toute leur masse les mêmes végétaux (*Archæocalamites Renaulti* et *Sphenophyllum Maresi*). Il est intéressant de rencontrer à ce niveau une flore terrestre, car on sait que les végétaux de ce groupe sont très rares dans les assises qui se trouvent au-dessous du dévonien moyen.

Malgré la grande ressemblance qui existe entre toutes les couches de ce dépôt de rivage, il se pourrait très-bien que la partie inférieure de ce système qui passe insensiblement au dévonien moyen en représentât le terme inférieur, tandis que la partie supérieure qui se termine par des calcaires à goniatites en serait le terme supérieur.

Les schistes sont quelquefois assez modifiés et assez résistants pour être employés comme ardoise; les grès qui alternent avec eux ne sont pas très résistants, ils sont en général très micacés et fissiles. Ils renferment disséminés au milieu de leur masse des grains de quartz, des paillettes de mica presque toujours blanc, plus rarement noir et des fragments de feldspath orthose, oligoclase et de tourmaline (pétrogr. n° 15), ce sont pour ainsi dire des arkoses à grains fins. Les grès sursiliceux dont j'ai parlé se trouvent dans le voisinage d'une roche éruptive que MM. Fouqué et Michel Lévy ont reconnu appartenir à un porphyre andésitique; ils sont très siliceux et souvent leurs grains qui sont très fins sont entourés d'opale. Certaines de leurs parties ne sont formées que de silice, à l'état de calcédoine ou d'opale (pétrogr. nos 12, 15, 19).

Le dévonien est coupé en général par des failles multiples qui font souvent reparaître les mêmes couches. Il occupe à Minorque une surface d'environ 130 kilomètres carrés c'est-à-dire plus du tiers de la région nord ou bien le sixième de la surface totale de l'île.

MAJORQUE.

Le terrain dévonien n'affleure pas à Majorque, mais il est probable qu'il constitue le fond de la mer, à peu de distance d'Estellenchs. Dans cette localité, en effet, on voit le grès bigarré plonger vers le centre de l'île; si l'on admet que les couches conservent pendant quelque distance leur inclinaison sans être dérangées par des failles, on concluera en tenant compte du plongement et des épaisseurs, que le terrain dévonien doit affleurer sous la mer, à environ deux kilomètres du rivage.

Historique.

La Marmora avait rapporté les schistes et les grès de Minorque aux grès des Apennins et aux calcaires à fucoïdes de la Toscane et de la Ligurie (éocène supérieur et miocène inférieur). Plus tard M. Marès et M. Rodriguez placèrent dans les terrains paléozoïques une partie des terrains du nord de Minorque, uniquement à cause de leur faciès particulier, rappelant celui des formations anciennes.

Le système des schistes et des grès dont j'ai parlé est inférieur à des calcaires qui ressemblent aux calcaires liasiques de Majorque, cette disposition stratigraphique conduisit les deux derniers auteurs dont je viens de parler, à émettre une opinion beaucoup plus juste que celle de la Marmora.

M. Bouvy en 1867, rapporta les schistes ardoisiers argileux de Minorque, à la partie inférieure du néocomien, mais cet auteur négligea de donner les raisons qui le conduisirent à cette singulière méprise.

TERRAINS SECONDAIRES.

Les trois grandes divisions des terrains secondaires, Trias, Jurassique et Crétacé sont représentées aux îles Baléares, mais plusieurs des étages qui entrent dans leur constitution, ne sont pas encore connus ou paraissent manquer complétement. Le terrain triasique seul est complet.

Les différents termes du terrain jurassique, sauf le lias, sont encore très peu connus ; mais la grande épaisseur de couches calcaires jurassiques, dans laquelle je n'ai encore trouvé que quelques rares fossiles, me fait supposer que de nouvelles recherches me feront découvrir la plus grande partie de leurs divisions complémentaires.

L'épaisseur totale des terrains secondaires atteint environ mille mètres qui se répartissent ainsi :

Trias 550^{m} ; Jurassique 400^{m} ; Crétacé 70^{m}.

I. TERRAIN TRIASIQUE.

Le terrain triasique se trouve assez bien représenté aux îles Baléares, on y trouve en effet les trois termes qui le composent.

Sa partie inférieure qui est constituée par des grès, forme à elle seule la presque totalité de son épaisseur, puisqu'elle atteint environ 500 mètres. Le muschelkalk et le keuper qui sont formés d'assises calcaires, n'ont pas une épaisseur qui dépasse 70 à 80 mètres.

TRIAS INFÉRIEUR.

Le trias inférieur repose toujours comme on le verra dans la suite, sur le dévonien, il renferme peu de restes organisés, mais sa nature minéralogique fait qu'il est toujours très facile à séparer des couches dévoniennes, car il est formé de grès rouges ou jaunes, tout à fait semblables à ceux qui constituent l'étage des grès bigarrés dans les Vosges et sur le versant Sud du plateau central.

A Minorque, le trias inférieur affleure sur une surface beaucoup plus considérable qu'à Majorque, aussi son étude est-elle plus facile dans la première de ces îles.

Le trias inférieur existe aussi en Espagne où les travaux de MM. de Verneuil, Collomb, etc. l'ont fait connaître depuis longtemps. D'après ces auteurs (1), il se divise de la manière suivante :

1° Un grès inférieur ordinairement de couleur rouge, formé d'éléments essentiellement quartzifères et contenant des paillettes de mica. Ce groupe peut se subdiviser en deux assises ; l'assise infé-

(1) *Bull. Soc. géolog. de France*, 2e série. T. X.

rieure est composée de grès moins micacé, à grains plus grossiers, passant quelquefois à des conglomérats qui renferment des galets souvent impressionnés et semblables à ceux des grès vosgiens; l'assise supérieure constituée par des grès également de couleur rouge, renferme rarement des galets. MM. de Verneuil et Collomb n'ont rencontré aucun fossile dans ce groupe.

2° Le muschelkalk est représenté par des calcaires presque toujours dolomitiques et très peu fossilifères. Cependant deux fossiles caractéristiques *Gervilia socialis* et *Myophoria Goldfusii* y ont été reconnus.

3° Le keuper serait représenté par un système de marnes, d'argiles et de gypse qui est bien développé dans la partie Sud-Ouest du royaume de Valence; comme en Allemagne ces couches renferment des gisements de sel.

L'existence de la partie inférieure de ce terrain, avait déjà été indiquée aux îles Baléares ; je ferai voir plus loin, après avoir étudié les grès bigarrés, que les assises supérieures et moyennes du trias y existent également, mais avec un faciès différant beaucoup de celui des couches correspondantes de la Péninsule Ibérique.

MINORQUE.

Je commencerai l'étude des grès bigarrés par Minorque, parce que ce terrain s'y trouve bien mieux développé que dans la grande Baléare.

Le trias inférieur occupe une partie assez considérable de la région nord, il y est réparti sur des surfaces dont l'orientation générale est Nord-Sud. Les trois bandes, qu'il forme, sont naturellement irrégulières, et leurs sinuosités sont moins en rapport avec le relief du terraln qu'avec les mouvements des couches.

I. RÉGION ORIENTALE.

Elle part des environs de Mahon pour se diriger vers le golfe d'Adaya, elle est limitée à l'Est par le dévonien dont elle est séparée par une faille, et à l'Ouest par le plateau d'Alayor et par les collines calcaires qui sont au Nord de ce plateau.

II. RÉGION CENTRALE.

Elle commence à l'Ouest d'Alayor pour se diriger au Nord, vers Fornells. Si on fait abstraction des failles secondaires, on verra qu'ici les terrains se montrent suivant leur succession normale. En effet le plongement général des couches a lieu vers le Sud-Est, et on observe, à l'Est les calcaires du trias supérieur et les calcaires jurassiques, à l'Ouest le terrain dévonien.

III. RÉGION OCCIDENTALE.

Elle se dirige des environs de Font Redonas de Dalt vers le Nord-Ouest, et se termine entre Algairens à Son Hermita, au rivage de la mer.

Des failles et des plis font apparaître en outre le trias sur un certain nombre de points que je signalerai dans le cours de ma description.

Constitution minéralogique. — Aux Baléares le grès bigarré se présente avec le même faciès que dans les Vosges. Ce sont des grès micacés souvent friables, à grains généralement fins, dont la couleur varie du blanc au rouge lie de vin. Certains bancs renferment une forte proportion d'argile ; les poudingues sont très rares dans cette formation (1).

Épaisseur. — On peut constater facilement dans quelques localités, que ce terrain a comme en Espagne (2) une grande épaisseur.

Je citerai particulièrement le fond du golfe d'Adaya, les environs de Binilubi sur la route de Mahon à Mercadal et les environs de Son Hermita. Son épaisseur moyenne peut être évaluée, je crois, à cinq cents mètres.

Je vais passer successivement en revue les principaux points de chaque région où j'ai observé cet étage.

I. RÉGION ORIENTALE.

Environs de Biniaixa.

Lorsqu'on suit la route de Mahon à Ciudadella,

---

(1) On voit par cette description, la grande ressemblance qui existe entre ces assises et la partie supérieure des couches rapportées dans l'Est de l'Espagne par MM. de Verneuil et Collomb au grès bigarré.

(2) Noguès (note sur les sédiments inférieurs et les terrains cristallins des Pyrénées orientales (*Bull. Soc. géol. de France.* 2me série, t. XX, p. 703) donne 700m d'épaisseur aux grès triasiques de la vallée de la Sègre dans les Pyrénées espagnoles.

après avoir dépassé l'huerta de San Juan, on rencontre les premiers affleurements du grès bigarré, au point où la route quitte la vallée pour se diriger à gauche, dans la région coupée par les petites collines que l'on traverse avant d'arriver au plateau d'Alayor.

Sur le flanc gauche de la vallée, on voit un escarpement de 8 mètres de hauteur, montrant des grès siliceux durs, à grains moyens et légèrement rosés. Ils présentent des surfaces de glissements tapissés d'une couche mince d'une substance blanche et brillante, qui doit être un silicate.

On y observe aussi des grès parsemés de petits grains jaunes d'oxyde de fer et de petites parties argileuses; le tout consolidé par un ciment formé de feldspath décomposé.

Au-dessous de ces assises on voit sur une épaisseur de 3 mètres des grès rouges à grains extrêmement fins, renfermant quelques très petites parcelles de mica blanc. Ces grès sont cimentés par de l'argile ferrugineuse plus ou moins durcie et font peu d'effervescence avec les acides. Ces strates doivent se terminer très probablement par des argiles, car à peu de distance dans la vallée, il existe deux tuileries qui exploitent des argiles rouges, que je rapporte à ce niveau. On constate aussi sur le flanc droit de la vallée la présence de grès rouges très argileux ; ils sont surmontés par des calcaires à stratifications sensiblement horizontales qui constituent la partie supérieure du trias; j'en parlerai plus loin.

FIG. 13.

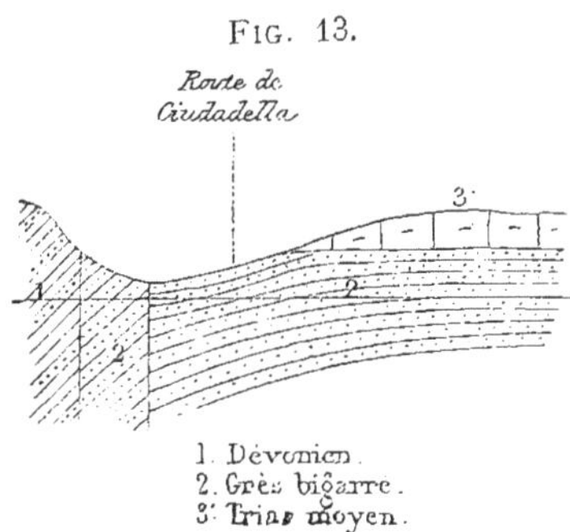

Pendant près de 500 mètres, de longues taches rouges sont encore visibles sur les deux flancs de la vallée; elles nous indiquent encore dans ce point, l'existence du trias inférieur.

A 300 mètres de la borne kilométrique n° 5, un petit monticule coupé par la route, montre sur 3 mètres de hauteur, un affleurement de grès, jaunes à leur partie supérieure, rouges et verts à leur partie inférieure; ils plongent de 15° vers l'Ouest. A partir de ce point, on cesse de voir le grès bigarré, car il est recouvert par des couches plus récentes; il faut dépasser Alayor pour le retrouver dans la région centrale.

Chemin de Mahon à Binixemps.

Dans cette direction, on marche presque constamment sur le trias inférieur. Il est très développé dans la plaine qui se continue jusqu'à Montgofre. La couleur rouge du sol révèle sa présence, et de nombreux affleurements montrent que ses assises plongent vers l'Ouest ; mais les plus belles coupes s'observent près de la gorge que l'on traverse avant d'arriver à Binixemps. A 500 mètres avant d'arriver à ces gorges, on aperçoit une colline qui montre les grès bigarrés sur une épaisseur de 150 mètres environ, avec un plongement de 30° vers l'Ouest.

Dans la gorge même, on voit affleurer un grès rouge, micacé, renfermant parfois des sphéroïdes de grès, tantôt rouges tantôt lie de vin plus ou moins pâle; ils ont depuis la grosseur d'une balle jusqu'à celle d'une noix et se groupent souvent pour former des grès botryoïdes. Au delà de Binixemps, près de la ferme d'Alcoitx, on revoit les grès bigarrés au fond de la vallée où ils occupent une surface peu étendue.

Environs d'Adaya.

En général le bord Ouest de la première région, nous présente de belles coupes dans le trias. C'est ainsi que près d'Adaya, on voit au fond du golfe de Montgofre, une série d'escarpements formés par des grès qui plongent de 35° vers l'Ouest. En descendant on pourra se rendre compte de la grande puissance du trias; dans les environs il est visible sur au moins 400 mètres d'épaisseur. Les grès à grains fins dominent, mais près de las Salinas on y rencontre quelques galets. A quelque distance de ce point, si, on prend le chemin qui mène à Montgofre Nau, on voit plusieurs bancs de poudingues rouges ayant de 1 mètre à 2 mètres d'épaisseur, affleurer près de la faille qui sépare le dévonien du trias. Ces poudingues doivent se trouver évidemment, à la partie inférieure de cette importante série de grès, qui se montre de l'autre côté de la vallée. Je constaterai plus tard que sur d'autres points, on voit encore quelques bancs de galets à la partie inférieure des grès bigarrés.

Je pourrai citer plusieurs autres localités où le trias inférieur peut être étudié ; je signalerai seulement les environs de Montgofre Nau, de Capifort, et de Montgofre Vei, parce que ces fermes sont situées près de la ligne de faille Nord-Sud, dont j'ai déjà parlé.

II. RÉGION CENTRALE.

Route d'Alayor à Mercadal.

Le géologue qui va d'Alayor à Mercadal, ne tarde pas à rencontrer une dépression, qui termine vers l'Ouest, la région calcaire centrale de l'île. Cette dépression peu étendue ne tarde pas à se relever pour former une petite chaîne de collines, dont la route longe le pied. Cet escarpement est composé de grès rougeâtres et blanchâtres plongeant au S.-S.-E. Ils sont bien visibles au kilomètre 16.

Une colline située à gauche de la route, montre les mêmes assises plongeant de 23° au S.-S.-E. Les strates sont visibles sur une épaisseur de 200 mètres environ. Mais il est évident que le grès bigarré a une épaisseur bien plus considérable, car à partir du kilomètre 16, la route le coupe perpendiculairement et on le voit à Bini Lubi, au-delà du kilomètre 17, ainsi que le montre la coupe ci-jointe. Comme les strates plongent de 2° à 3° on en déduit une épaisseur de 500 mètres environ pour le trias inférieur. A partir de ce point on marche jusqu'à Mercadal sur les schistes et sur les grès dévoniens, mais le village lui-même est bâti sur les grès bigarrés qui reparaissent par suite d'une faille.

FIG. 14.

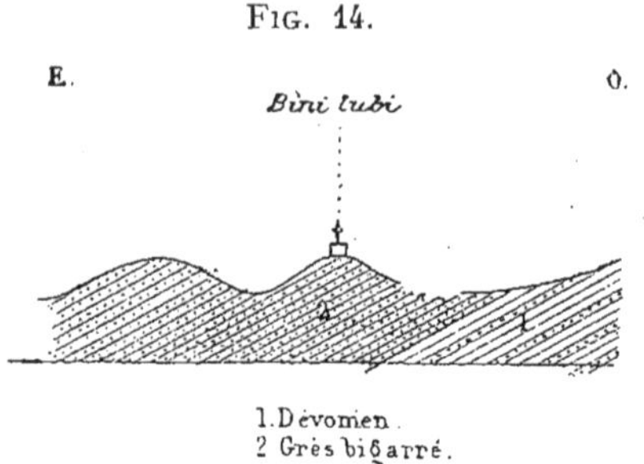

La route suivie, coupe donc deux surfaces triasiques, qui se dirigent parallèlement vers le Sud jusqu'au rivage miocène.

La bande de Bini Lubi présente près de la ferme de San Juan, de belles coupes, dans la face de la colline qui regarde le plateau d'Alayor. Les grès rouges plongent au Sud-Est et se montrent au bas de la colline, sous la ferme de San Juan ; là les assises plongent au S.-E. de 45°. Elles sont formées de grès jaunâtres, contenant beaucoup d'empreintes végétales terrestres, malheureusement fort mal conservées.

La bande de Mercadal se voit au Sud, au mamelon d'Es Bech, à la limite du terrain miocène ; elle renferme surtout des argiles et des grès rouges.

Si de ce point on se dirige vers Alayor, on traverse un pays très tourmenté: les rochers triasiques y affectent les formes les plus singulières. Il est facile de constater que cette région se rattache aux environs de Mercadal, par les grès de la ferme de Binisaqui et par ceux qui forment une montagne escarpée située près de ce village.

Je ne quitterai pas les environs de Mercadal sans parler de la coupe intéressante que la route traverse à la sortie du village, en allant vers Ferrerias.

Les strates sont dirigées Est-Ouest et plongent de 45° au Sud-Est. On observe à partir des couches les plus anciennes :

1° Schistes dévoniens bleuâtres, verdâtres, terreux, avec quelques bancs de grès, 100^{m}.

2° Banc de galets, 0^{m} 40 (base des grès bigarrès).

3° Grès rougeâtre avec très rares galets, 4^{m}.

4° Grès à galets plus nombreux généralement gris ou lie de vin, 0^{m} 50.

5° Grès noirâtre avec rares galets généralement rouges ; à leur partie inférieure on trouve quelques galets verdâtres ; ils proviennent évidemment des grès dévoniens, 2^{m} 20.

6° Grès rouge noirâtre, 4^{m}.

7° Schistes rouges, 0^{m} 30.

8° Grès rouge noirâtre, 0^{m} 80.

On voit donc qu'ici, comme à Montgofre, il existe à la base du trias inférieur, quelques bancs de galets, mais ils n'ont pas à beaucoup près le développement qu'ils atteignent dans l'Est de l'Espagne et surtout dans les Vosges.

Environs du mont Toro.

A la base du mont Toro au-dessous de la ferme de Rafal, on voit les grès triasiques rouges, plonger au Sud-Est ; d'un autre côté, on peut constater qu'une partie de l'escarpement, entre le mont Toro et Mercadal, est formé par les grès triasiques. On aura donc la coupe suivante, qui montre qu'une faille existe à Rafal et qu'une autre faille secondaire se trouve également près du grand escarpement qui regarde Mercadal. Cette dernière faille contourne le flanc nord du mont Toro, car près de la ferme d'Elpie del Toro, on observe la succession suivante :

FIG. 15.

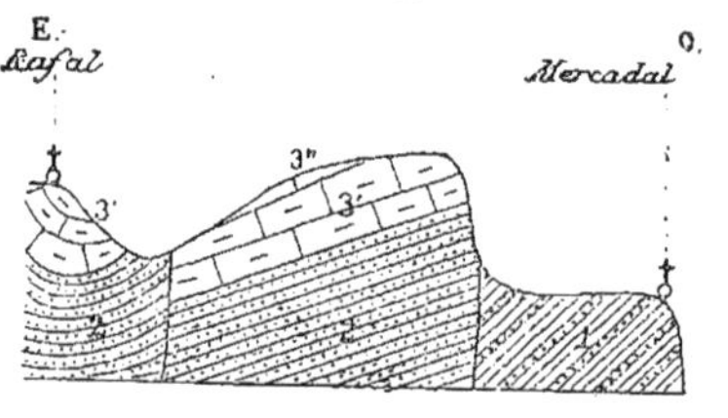

FIG. 16.

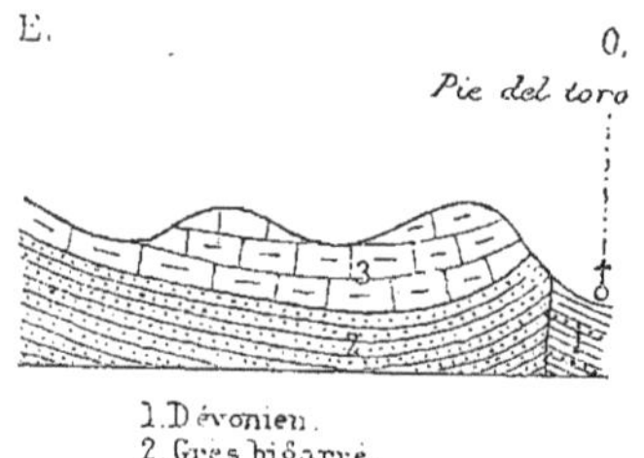

A. Grès et schistes terreux verdâtres ou bleuâtres, (dévonien). 10^{m}.

B. Grès bigarré — les affleurements sont mauvais. Mais la couleur rouge du terrain est très caractéristique et ne saurait induire en erreur. 15^{m}. — Une faille sépare le trias inférieur du dévonien.

C. Calcaire du muschelkalk et du trias supérieur, 40^{m}.

Près du point où j'ai relevé cette coupe, il y avait autrefois, dans la mine dite de la Perla, une petite exploitation de cuivre (Carbonate vert), aujourd'hui abandonnée.

Partie nord de la région centrale.

San Juan de Carbonells est bâti sur le trias inférieur qui est bien développé dans ses environs.

Dans la vallée de Sas Covas Vellas, les grès rouges et blancs du trias, sont très largement représentés, ils sont fortement inclinés.

Je citerai encore les environs de Tirant Vei, de Bella Mirada et de Binigordon où il est facile de les étudier. Enfin au delà de Caballeria, près la ferme de Santa Teresa, on voit le grès micacé, rouge à sa partie supérieure, blanc à sa partie inférieure. A la base même du monticule où se trouve bâti Santa Teresa, on observe les mêmes assises représentées par un grès rosâtre, présentant de nombreuses petites mouches d'hydroxide de fer, couleur jaune-brun, dûes très probablement à la décomposition de petits grains de pyrites. Des failles nombreuses ainsi que l'indiquent la coupe ci-dessous, mettent plusieurs fois en contact le grès bigarré et le dévonien.

FIG. 17.

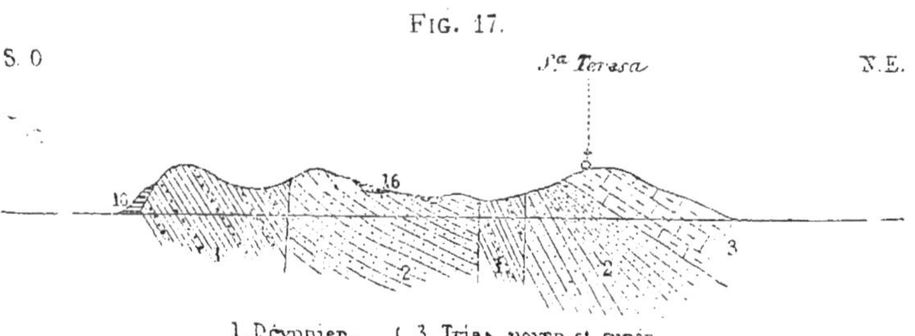

1. Dévonien.
2. Grès bigarré.
3. Trias moyen et supér.
16. Calcaire à Hélix.

III. RÉGION OCCIDENTALE.

C'est ici que le trias se présente avec son maximum de développement et que ses caractères extérieurs (forme topographique, végétation, etc,) sont le plus facile à saisir.

Des environs de Ferrerias à la ferme de Font Redonas de Dalt, le miocène vient buter contre les collines triasiques et former ainsi le bord Sud de la troisième région. Cette bordure se continue vers le Nord-Ouest, par une bande étroite qui longe le terrain miocène et les terrains calcaires appartenant, soit au trias supérieur, soit au jurassique ; elle rejoint vers Algairens la large bande orientale qui va de Font Redonas de Dalt aux collines de la Inclusa, pour rejoindre le mont Santa Agueda, etc.

Est de Ferrerias.

Le grès bigarré commence sur la route de Fornells à San Cristobal, au kilomètre 13. On peut de ce point se diriger sur Ferrerias en suivant de mauvais sentiers ; on traversera une région pittoresque, montueuse, assez boisée et entièrement située dans le trias inférieur.

J'engagerai l'observateur à examiner le paysage que l'on découvre de deux points assez élevés ; l'un appelé la Grande-Montagne, est situé au-dessus de Font Redonas ; l'autre est placé près de Salairo au point où existe un *talayot*. De ces élévations on découvre très bien ; au Sud le plateau miocène ; à l'Est le mont Toro ; au Nord le cap de Caballeria et le cap Pontinat; malheureusement vers le Nord-Ouest, les collines de Font San Patricio et de Terra Rotje bornent la vue.

Un examen attentif du paysage découvert de ces points, permettra d'acquérir rapidement des idées d'ensemble sur cette partie de Minorque. La constitution géologique de cette région est exprimée par la figure 5, dans laquelle j'ai supprimé les failles secondaires, pour ne laisser subsister que les traits principaux.

Au bas de la montée de la nouvelle route, près de Santa Rita, on voit à Rafal Rotje, le trias par suite d'une faille. Sur le plateau on retrouve également les grès rouges presque horizontaux; leurs couches sont parfois formées de petits lits inclinés qui rappellent la stratification des sables déposés par les courants rapides. La faille qui existe au kilomètre 13 de la route de Fornells à San Cristobal, se prolonge vers le Nord et coupe la nouvelle route au point que je viens de signaler. En décrivant le terrain dévonien, j'ai déjà parlé de cette faille et des principaux points où l'on peut l'étudier.

Les affleurements de grès lie de vin, peuvent se suivre le long de la nouvelle route, sur une longueur de 1500 mètres environ, à partir du sommet de la grande tranchée. Ces couches sont fort peu inclinées, mais en approchant de Ferrerias on constate qu'elles plongent fortement au Sud. A gauche du pont, avant d'arriver à Ferrerias, une colline boisée montre les grès triasiques avec un faible plongement au Sud-Ouest, ce petit village est bâti sur le trias, mais il est situé tout près du rivage miocène.

Nord de Ferrerias.

Quand on arrive à Ferrerias, on voit que la colline de San Telmo située en arrière de ce hameau, présente les taches rouges caractéristiques du grès bigarré jusqu'aux 4/5e de sa hauteur, mais que sa partie supérieure est constituée par des couches tertiaires grisâtres.

Si l'on examine de près la coupe de cette colline on voit qu'elle nous donne le contact du miocène et du trias ; en effet en montant de Ferrerias à San-Telmo, on voit les couches de grès rouges plonger assez fortement vers l'Ouest ; au-dessus viennent des calcaires sableux jaunes et des calcaires identiques à ceux que je décrirai plus loin, en parlant du terrain miocène.

FIG. 18.

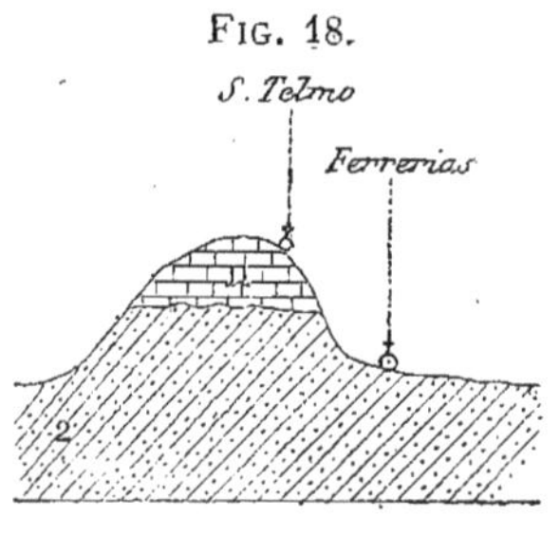

2. Grès bigarré.
11. Calcaire à Clypéastres

Au nord de Ferrerias, se trouve une série de collines élevées, escarpées et boisées, entièrement formées par le grès bigarré qui s'y présente avec son aspect habituel. Je signalerai cependant au Font San Patricio un grès jaune à grains assez grossiers, avec beaucoup d'empreintes végétales mal conservées. Comme aspect lithologique, cette roche se rapproche beaucoup de celle de San Juan, où j'ai également rencontré des empreintes végétales.

Si de Ferrerias on contourne par l'Ouest, ce massif montagneux en se dirigeant vers Santa-Teresa, on laisse à sa droite, avant de s'engager dans la plaine, de beaux affleurements de grès bigarrés. J'ai remarqué dans les blocs éboulés, des morceaux de schistes arrachés au dévonien.

La plus grande partie de la plaine est encore située dans le trias inférieur. La ferme de Santa-Teresa qui est bâtie sur un monticule placé tout près de la route de Ciudadella, repose sur des grès rouge-sombre qui plongent légèrement au Sud-Ouest. Dans le voisinage on remarque quelques bancs de poudingues à gros éléments. Je n'ai pas vu le contact avec le dévonien, mais la présence de ce terrain qui affleure sur l'autre bord de la route de Ciudadella, m'autorise à penser qu'il se trouve à la partie inférieure du trias. On serait donc ici en présence d'un fait analogue à celui que j'ai constaté à Mercadal. Du reste à Alcaria Blanca on voit en montant une colline située derrière la ferme, un affleurement d'une quinzaine de mètres d'épaisseur, de grès rouges renfermant aussi un banc de poudingue. Cet affleurement d'une étendue limitée, a été isolé au milieu du dévonien, par une faille, et là encore ce sont les couches inférieures du trias qui sont visibles (voir fig. 12).

Environs de Son Hermita.

Le cap de Salayro est formé par des grès triasiques, blancs et jaunes; à Cala Barril ces grès qui sont rouges plongent au N.-O.

En se dirigeant de Cala Baril vers Son Hermita, on ne tarde pas à quitter des grès généralement rouges, parfois blancs, pour arriver au dévonien qui apparaît par suite d'une faille.

Près de Son Hermita, ces grès rouges et blancs sont relevés verticalement; leur direction est Sud-Est, Nord-Ouest, et leurs couches verticales ont une épaisseur d'au moins quatre cents mètres. Ce n'est que plus loin, en se dirigeant vers la base du mont Santa Agueda, que l'on voit ces grès blancs et rouges diminuer d'inclinaison et affecter des plongements variables. Tout le pays entre Son Hermita et Bini Daufa est montueux et couvert d'arbustes. Aux environs du mont Santa Agueda, le trias inférieur est bien développé. A l'Est de cette montagne on voit une colline triasique appelée San Juan de Serra, qui se trouve située au milieu de la plaine dévonienne. J'attribue ce fait à une faille secondaire analogue à celle de Rafal Rotje (1). San Antoni est bâti sur des grès rouges triasiques,

(1) Le mot rojo, roja, signifiant rouge en espagnol, on ne sera pas étonné de voir que les localités qui possèdent ce qualificatif soient situées sur le trias inférieur. Ex : Terra Rotje, Rafal Rotje, Punta Rotja etc.

dont les couches sont sur certains points, presque horizontales, sur d'autres elles plongent à l'Est. San Antoni est situé à peu près à cent mètres de la lèvre de la faille prolongée de Terra Rotje.

Bord Ouest de la région occidentale.

J'indiquerai d'abord un gisement accidentel de trias inférieur, situé à peu de distance de Ciudadella. Après avoir dépassé la Torre del Cuart, en allant vers Font Santi, on observe les grès rouges du trias inférieur, qui apparaissent par suite d'une faille; ils formaient le rivage de la mer miocène.

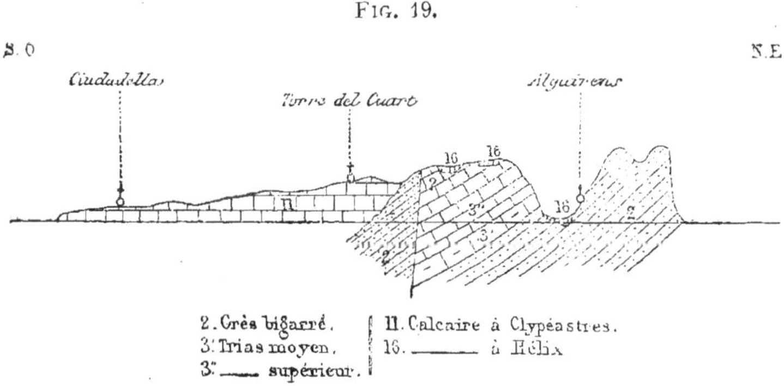

Fig. 19.

Dans la dépression qui continue le golfe d'Algairens, on voit également les mêmes assises, elles sont dans cette région souvent cachées au regard, soit par le dépôt quaternaire à hélix, soit par les dunes. On en voit aussi des affleurements dans la partie inférieure de l'escarpement de Font Santi.

Si on continue à suivre le bord Ouest de la région occidentale triasique, en se dirigeant vers Ferrerias, on voit à sa droite, que la base des collines est formée par le trias inférieur, tandis que leur partie supérieure est constituée par le trias moyen et le trias supérieur ; il existe encore au-dessus des dépôts triasiques, des calcaires qui appartiennent peut-être aux terrains jurassiques, mais dans lesquels je n'ai rencontré aucun fossile. Je citerai comme point d'étude les environs de la ferme de la Modayna qui est bâtie sur les assises dévoniennes, mais à peu de distance ces couches viennent, par suite d'une faille, buter contre le trias inférieur.

Fig. 20.

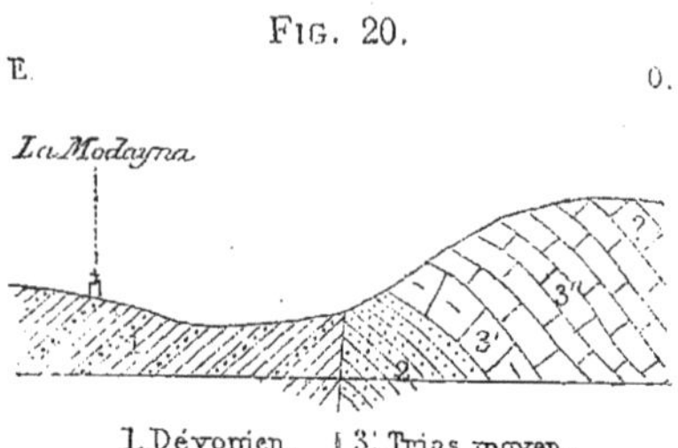

Là les grès bigarrés ne se voient que sur une épaisseur de 25 mètres. Ils paraissent se terminer par une argile rouge que l'on observe au pied de la colline. C'est un fait à rapprocher de celui que j'ai déjà signalé précédemment à Biniaixa, où la partie supérieure du trias inférieur était également argileuse (1).

On constate également qu'en face de Binicaño

(1) Le fait suivant montre que le grès bigarré renferme des bancs argileux ; un certain nombre de fermes qui sont bâties sur ce terrain, possèdent des puits alimentés par une nappe d'eau, que l'on ne peut expliquer qu'en admettant la présence d'une couche argileuse imperméable.

la base de l'escarpement est formée par les grès triasiques.

La montée de la route de Ciudadella près d'Alpuzar montre d'abord des grès rouges plongeant au Nord-Ouest, puis un peu plus haut, devenant presque horizontaux. A leur partie supérieure j'ai observé un calcaire jaunâtre, ferrugineux, à facettes miroitantes assez larges, présentant de nombreuses cavités cloisonnées remplies d'argile. Ce cloisonnement a été produit comme dans la majorité des cas, par le calcaire qui s'est déposé autour de petits fragments argileux et fendillés ; l'argile sur certains points et surtout dans les affleurements a été facilement enlevée par les agents atmosphériques, il en est résulté des cavités cloisonnées irrégulières. Je n'ai pu, faute d'affleurements, saisir les relations de ces calcaires, soit avec les grès bigarrés, soit avec le muschelkalk et décider auquel de ces deux terrains je devais les rapporter.

FIG. 21.

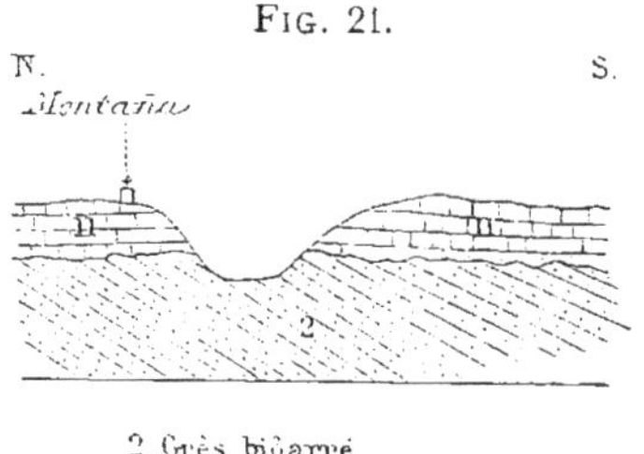

Près de la ferme de Montaña, on voit dans la vallée une coupe analogue à celle de la colline de San-Telmo. On est en ce point, près du rivage miocène, et le grès bigarré y est recouvert par ce terrain. A Montañeta, on observe les grès rouges.

En se dirigeant vers Ferrerias par le plateau,

on voit un *barranco* de 50 mètres de profondeur environ, creusé dans les calcaires miocènes. Cette vallée s'ouvre dans la plaine de Santa Barbara, etc. qui est constituée par les grès bigarrés, comme je l'ai déjà indiqué plus haut.

A la partie supérieure de la colline de Bini Atroum, on remarque que le grès bigarré vient s'appuyer contre le miocène. (Dans ce point on ne voit pas la dépression topographique qui limite ordinairement à Minorque le terrain ancien du terrain miocène). Si donc l'on fait une coupe entre Bini Atroum et Montañeta on verra que le miocène s'est déposé dans une dépression irrégulière formée au milieu des grès bigarrés. Cette grande dépression ne s'étend pas au loin dans la plaine où se trouvent bâties Santa Teresa, et Santa Barbara, etc., car la montagne qui supporte Santa Magdalena est tout entière formée de grès bigarrés. Il faut donc admettre qu'à quelques centaines de mètres en arrière du plan de la coupe, le miocène venait buter contre des escarpements triasiques aujourd'hui détruits. La montagne de Santa Magdalena reste encore comme un témoin de ces vastes dénudations.

Au-dessous de Bini Atroum, le grès bigarré présente de belles coupes. Les strates plongent vers le Sud : on peut attribuer 150m d'épaisseur aux couches visibles. C'est encore là une localité intéressante pour l'étude détaillée du trias inférieur.

MAJORQUE.

Sur le bord de la mer, à droite de la baie d'Estellenchs, on voit une falaise qui montre un beau développement de trias inférieur. On peut suivre cette coupe sur une grande distance, en se dirigeant vers Bañalbufar, et constater la régularité et la constance de cette formation qui est coupée néanmoins çà et là par de petites failles (à 400 mètres du Puerto en allant vers Bañalbufar, on voit une dénivellation d'une vingtaine de mètres.

La couleur dominante de ces grès à grains fins est le rouge ; ils renferment souvent des paillettes de mica et des empreintes végétales charbonneuses en mauvais état réparties dans toute la masse.

A droite du Puerto d'Estellenchs, la coupe de la falaise montre de bas en haut :

1° Grès rouge micacé de couleur assez foncée se divisant en plaques minces, 40 mètres.

2° Grès gris ou blanchâtre renfermant quelques bancs de psammites subschistoïdes gris-verdâtre avec nombreuses paillettes de mica argentin et quelques petits points gris-verdâtre paraissant être de la chlorite. On rencontre ici trois niveaux à végétaux ; le premier placé à la base est assez pauvre ; à 10 mètres plus haut on rencontre le deuxième ; enfin à 2 mètres du précédent se trouve le troisième qui se compose de deux couches à empreintes végétales ayant un centimètre ou deux d'épaisseur et séparées par un intervalle de 0m 30. Parmi ces végétaux qui sont presque toujours en très-mauvais état on peut reconnaître l'*Equisetum arenaceum.* Ils sont renfermés dans un psammite gris-jaune renfermant des paillettes de mica argentin et tacheté de nombreux petits points jaunes d'oxyde de fer; 20 mètres.

3° Psammite rouge feuilleté avec quelques paillettes de mica blanc coloré par de l'argile rouge très-ferrifère, 10 mètres.

4° Grès blanchâtre, 10 mètres.

La falaise est couronnée par des calcaires dont je parlerai plus tard.

Les strates plongent de 12° au Sud-Est.

Pour bien étudier ce terrain et pour recueillir des empreintes végétales, il faut suivre la côte vers Bañalbufar. A 500 mètres du point dont je viens de donner la coupe, la falaise est plus facilement abordable. Le trias inférieur doit exister encore à Majorque sur d'autres points, car j'ai vu de la route de Bañalbufar à Esporlas que le puerto de Cononges était formé par des roches rouges et blanches appartenant évidemment à ce système. La distance de ce point à Estellenchs n'étant que de 8 kilomètres, on voit que le terrain le plus ancien de Majorque a une très-faible extension. Néanmoins il est possible qu'il se prolonge plus à l'Ouest sur des points que je n'ai pas visités, car la dénomination de certaines localités telles que Puigroig fait pressentir la présence des grès bigarrés.

Résumé.

On voit par ce qui précède que le trias inférieur a environ 500 mètres de puissance, il est constitué presque exclusivement par des grès qui présentent à leur base des poudingues peu épais et qui se terminent à leur partie supérieure par des couches d'argiles rouges.

Les poudingues qui n'ont que 2 ou 3 mètres d'épaisseur, sont surtout visibles à Mercadal, Santa Teresa et Montgofre (Minorque).

Les grès rouges sont remplis d'empreintes végétales la plupart du temps indéterminables je n'ai pu reconnaître qu'un fragment de tige d'*Equisetum arenaceum*, Bronn.

Les argiles rouges ne me paraissent pas avoir plus de 10 à 20 mètres. Mais comme il n'y a pas de coupe il est impossible de donner leur épaisseur avec exactitude. Les principales localités où le grès bigarré peut être étudié sont : Estellenchs (Majorque), Font San Patricio, San Juan près de Bini Lubi (Minorque).

Historique.

Je rappellerai en quelques mots les diverses opinions qui ont été émises sur la position et l'âge des assises qui représentent le grès bigarré aux Baléares.

La Marmora, dans le court séjour qu'il fit à Minorque, n'eut pas le temps d'étudier d'une façon suffisamment approfondie la masse importante de grès rouges, à grains fins et micacés, qui est superposée aux schistes et aux grès dévoniens que j'ai étudiés précédemment. Il n'indiqua pas la différence d'âge qui existe entre ces deux formations qu'il rapporte au grès des Apennins (éocène supérieur et miocène inférieur).

M. Marès et M. Rodriguez, à peu près à la même époque, admirent aux Baléares l'existence du trias.

En 1867, M. Bouvy plaça les sables triasiques d'Estellenchs dans le néocomien (voir *Ensayo*, etc. et la carte géologique jointe à ce travail). C'est aussi à la base de ce terrain qu'il plaça les sables micacés de Minorque.

Ces erreurs sont difficilement explicables quand on voit la grande épaisseur des couches qui sont situées au-dessous d'assises renfermant la faune néocomienne.

L'opinion de M. Bouvy a été reproduite dans une carte géologique d'Espagne publiée sans nom d'auteur ; la partie nord de Minorque y est indiquée comme appartenant au terrain crétacé.

TRIAS MOYEN ET SUPÉRIEUR.

L'existence du Muschelkalk et du trias supérieur n'avait pas encore été signalée aux îles Baléares. MM. Élie de Beaumont, La Marmora, Haime, et Bouvy, avaient admis que le terrain le plus ancien de cette région devait être rapporté au lias.

On a vu précédemment que le trias inférieur était aussi bien représenté aux îles Baléares que dans l'Est de l'Espagne. Je vais montrer maintenant que les termes moyens et supérieurs de cette formation y existent également.

Le muschelkalk est très-peu fossilifère en Espagne. J'aurai également fort peu de fossiles à citer dans les assises qui représentent ce terrain dans la région baléarienne.

Quant au keuper, il présente un faciès différent de celui qu'il affecte d'ordinaire en Espagne et dans presque toute l'Europe. Le trias supérieur est formé dans le royaume de Valence par des marnes, des argiles et des gypses avec intercalation de gisements de sel gemme : c'est sous cet aspect que le trias supérieur se présente en Lorraine, dans le Wurtemberg, etc. Cette formation est pour ainsi dire dépourvue de restes organisés. Dans le Tyrol, au contraire, les mêmes couches renferment comme à Saint-Cassian, des calcaires schistoïdes et à Hallstadt des calcaires compactes, célèbres par la beauté de leur faune.

Je vais montrer par l'étude détaillée de ces assises, qu'au-dessus du Muschelkalk il existe aux Baléares des couches que leur faune identifie au trias supérieur.

MINORQUE.

J'ai observé à Minorque la base du Muschelkalk sur la route de Ciudadella dans une petite carrière placée à gauche près de la ferme d'Alpzar.

Fig. 22.

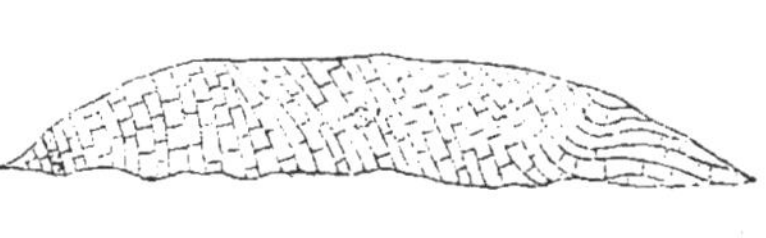

Cette carrière exploitée pour l'entretien de la route montre sur 15 mètres d'épaisseur des couches très contournées de calcaires compactes, gris fumée, avec parties jaunâtres et quelques points argileux. Ces calcaires renferment un grand nombre de tubulures (calcaires à fucoïdes de la Marmora). Au-dessous, on voit des bancs de $0^m 50$ d'épaisseur dans lesquels j'ai rencontré :

Rayon de poisson.
Ceratites Heberti, Herm.
Lingula Munieri, Herm.
Baguettes d'échinides.

Entre la ferme de Binixemps et celle de Santa Margarita, j'ai observé les mêmes assises renfermant une faune identique. Quant aux calcaires à tubulures qui ressemblent tant aux calcaires du Muschelkalk, ils sont visibles au-dessus des grès bigarrés dans un très grand nombre de localités.

Je vais d'abord examiner les principaux affleurements de ces couches dans la région des calcaires secondaires qui s'étend d'Alayor au cap Pontinat.

Non loin de Mahon près la ferme de Bini Agiter on voit à la base :

1. Argiles rouges formant le fond de la vallée.

2. Calcaire compacte, gris de fumée, en plaquettes, avec tubulures cylindriques, plus ou moins allongées, parallèles, obliques ou perpendiculaires au plan de stratification. Ces tubulures doivent être attribuées à des remplissages de trous d'annelés.

3. Calcaire zoné gris-brun, avec bandes gris-noirâtre parallèles au plan de stratification.

L'épaisseur de 2 et de 3 réunis est d'environ 10^{m}. Les couches sont peu inclinées.

Les calcaires à tubulures et à cératites, affleurent à la ferme de Montgofre-Nau, ils plongent vers l'Ouest.

Fig. 23.

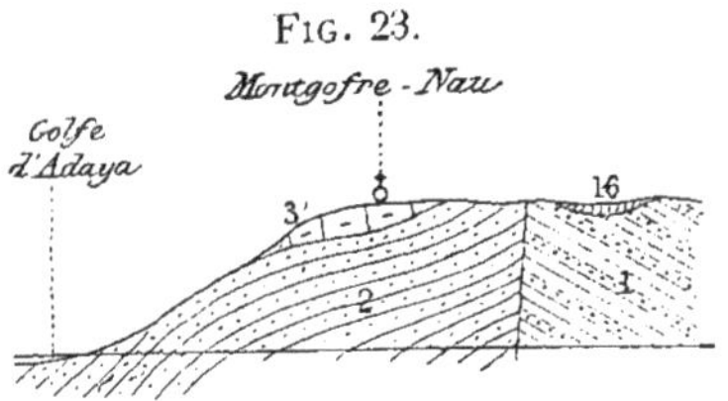

1. Dévonien
2. Grès bigarré.
3'. Trias moyen.
16. Calcaire à Hélix.

En montant la vallée qui conduit à Binixemps, on voit que ces mêmes calcaires existent au-dessus des grès rouges, sur une épaisseur de 20 mètres. Ils sont bien développés sur le plateau accidenté de Binixemps.

A Alcoitx on aperçoit dans la vallée un certain nombre de taches rouges qui décèlent la présence des grès bigarrés.

Les flancs de la vallée sont formés par des calcaires à tubulures peu épais qui sont surmontés de calcaires dolomitiques craquelés et fendillés dont une partie doit représenter le trias supérieur.

Si de Mercadal on regarde le mont Toro, on voit que la base de cette montagne constitue un abrupt dont la base est formée par les grès bigarrés et la partie supérieure par les calcaires à tubulures qui plongent de 35° au Sud-Est. J'attribue à ces couches une épaisseur de trente mètres environ. Au-dessus de ces assises, sur la pente de la colline qui regarde Son Carlos, on trouve des plaquettes couvertes d'*Hallobia Lommeli* et de *Posidonomya.* J'y ai recueilli aussi des Cératites épineux rappelant par leur forme le *Ceratites Sauræ* Herm. Cette espèce me paraît nouvelle et j'espère que de prochaines recherches me permettront bientôt de les décrire. Ces assises sont recouvertes par des calcaires dolomitiques que l'on observe au mont Toro et à Rafal : leur aspect et leur liaison intime avec les couches sous-jacentes, conduisent à les rapporter au trias supérieur.

En étudiant attentivement cette coupe, on est frappé de la différence qui existe entre le muschelkalk et les couches à *Hallobia Lommeli.* Si j'insiste sur ce fait c'est pour appeler l'attention des géologues, sur des assises qui n'avaient pas encore été rencontrées dans cette région. Je vais rappeler ici que les calcaires à tubulures et à cératites qui reposent sur les grès bigarrés sont identiques par leur position stratigraphique et leur caractère minéralogique aux calcaires du Muschelkalk, et qu'ils sont surmontés directement par des calcaires en plaques minces, ayant un tout autre aspect ; ce sont ces dernières couches qui renferment en grande abondance les empreintes d'*Hallobia Lommeli,* si répandues dans le trias supérieur du Tyrol. Cet horizon représenterait donc les assises les plus inférieures du trias supérieur des îles Baléares.

Les calcaires à tubulures et les calcaires dolomitiques sont bien représentés dans la vallée étroite qui mène à San Juan de Carbonells; les assises plongent au S.-E.

Près du mont Toro, une petite vallée de deux cents mètres de longueur, coupe la chaîne de collines qui forme le flanc gauche de la vallée de San Juan de Carbonells. Elle montre également les calcaires à tubulures qui plongent vers le Sud-Est, avec des variations d'inclinaisons assez notables. J'ai constaté aussi en ce point la présence des calcaires à *Hallobia*.

On retrouve encore les calcaires à tubulures au Nord des localités précédentes, près de la ferme de Sas Covas Vellas. Dans le voisinage affleurent les grès bigarrés.

Je rapporte aussi au keuper les calcaires craquelés et fendillés que j'ai observés à la ferme de Santa Teresa dans l'isthme de Caballeria.

Dans le Nord-Ouest de l'île on rencontre au-dessus des grès bigarrés de nombreux affleurements de calcaires à tubulures. C'est ainsi que je citerai le monticule à gauche du chemin de Furinat à Font Santi où ces couches sont visibles sur une épaisseur de quinze mètres.

On les observe encore sur la route de Ciudadella le long de l'escarpement qui s'étend du golfe d'Algairens à Alpuzar. A la Modayna j'ai recueilli le *Ceratites Sauræ* Herm. qui provenait des couches à *Hallobia Lommeli.*

Il est probable qu'on découvrira plus tard un grand nombre d'autres points fossilifères dans le keuper de Minorque. M. l'abbé Cardona m'a annoncé dernièrement, qu'il avait trouvé les couches à *Hallobia* et à *Posidonomya* à Sas Covas Vellas, à Alcoïtx, à Binixemps et à Son Puig près d'Alayor. Ce sont donc des localités intéressantes à ajouter à celles de Son Carlos, de Montgofre Nau et de la Modayna.

MAJORQUE.

Je vais étudier maintenant aux environs d'Estellenchs, les calcaires qui couronnent les grès bigarrés.

Sur le chemin d'Estellenchs à Bañalbufar, j'ai trouvé de petits bancs calcaires gris-foncé présentant des parties argileuses jaunâtres et de nombreuses tubulures ; ils reproduisent le type des calcaires du muschelkalk de Minorque : une assez grande épaisseur de couches calcaires paraît séparer cet horizon des grès bigarrés.

Je dois faire remarquer ici, que je n'ai pas rencontré de coupe qui permette de trouver à Majorque comme à Minorque, les relations exactes des différents termes triasiques ; d'un autre côté, l'absence complète de fossiles est encore une des causes principales qui prive l'observateur de points de repère certains.

Au Puerto d'Estellenchs, on peut voir la succession suivante au-dessus des grès qui terminent le trias inférieur.

1. Calcaire bèrche, 6 mètres.

2. Calcaire légèrement grenu, subcristallin, gris roux, 8 mètres.

3. Calcaire dur fragmenté à la surface, 2 mètres.

4. Calcaire micacé grenu généralement noir, 5 mètres.

5. Calcaire généralement jaunâtre, avec veines blanches de spath calcaire, 25 mètres.

Cette succession ne donne pas les relations stratigraphiques immédiates qui existent entre ces couches calcaires placées à la partie supérieure des grès bigarrés et celles du trias moyen, que j'ai désignées sous le nom de calcaires à tubulures, et dont j'ai constaté l'existence à deux kilomètres environ de la coupe précédente.

On ne peut donc pour le moment donner beaucoup de détails précis sur la formation triasique de Majorque, qui doit très-probablement renfermer non-seulement le muschelkalk, mais encore le keuper comme dans l'île voisine.

Résumé.

Un coup d'œil général sur le trias des îles Baléares montre qu'il existe à sa base des conglomérats peu épais, puis des grès rouges couronnés par des argiles. Au-dessus des argiles rouges sans fossiles qui terminent le grès bigarré, il existe des calcaires à tubulures qui renferment une faune très-pauvre en espèces et en genres; la conservation des échantillons laisse beaucoup à désirer. On y remarque cependant quelques gastéropodes, et des cératites présentant deux carènes latérales. Cet horizon est surmonté par environ trente mètres de calcaires, couleur gris de fumée, compactes et sublithographiques, identiques aux calcaires du muschelkalk de la Lorraine, du Wurtemberg, du Var, des Alpes vénitiennes, du Tyrol. C'est au-dessus de ce niveau qu'existent les assises à *Hallobia Lommeli*, à *Posidonomya*, etc., qui renferment en outre des cératites épineux très différents de ceux du muschelkalk. Ce sont ces dernières couches que je rapporte au keuper.

Je rapporte aussi à ce terrain, mais avec une très-grande réserve, les calcaires craquelés, fendillés, plus ou moins dolomitiques qui sont au-dessous du lias et dont il est difficile de donner l'épaisseur à cause des failles et des accidents topographiques qui les ont affectés.

L'étude des différentes coupes du keuper des Baléares tend à démontrer que cette région ne renferme pas de couches argileuses et qu'elle est exclusivement formée de calcaires dont l'aspect la différencie complètement au point de vue lithologique des assises de même âge de la péninsule ibérique.

TERRAIN JURASSIQUE.

Au-dessus du trias supérieur, il existe aux îles Baléares, une série très-puissante d'assises calcaires, couronnée par les couches à *Ammonites transitorius*; cette masse énorme de strates jurassiques, qui a environ 400 mètres d'épaisseur, se trouve exclusivement formée de bancs calcaires qui ont entre eux la plus grande ressemblance minéralogique et qui ne renferment que très exceptionnellement des fossiles.

On comprendra facilement que l'absence de fossiles dans des couches qui ont le même aspect lithologique, soit une cause bien suffisante pour empêcher d'y établir des divisions stratigraphiques.

Jusqu'à présent le lias moyen et le lias supérieur sont les seuls étages que l'on puisse indiquer avec certitude ; cependant il convient dès à présent de signaler encore, mais avec doute, la présence probable du Bajocien et de l'Oxfordien.

D'un autre côté, si l'on arrive par de nouvelles recherches à découvrir dans les couches supérieures et inférieures de ce puissant massif, d'autres localités fossilifères, il est probable que le nombre des étages jurassiques s'augmentera notablement.

LIAS.

J'ai déjà dit plus haut, en parlant du trias, qu'il existait au-dessous du lias moyen, des assises calcaires que je considérais avec beaucoup de doute comme pouvant être la partie supérieure des couches à *Hallobia Lommeli*. Je ne serais pas étonné que de nouvelles recherches vinssent démontrer que leur partie supérieure corresponde à une division inférieure de la formation liasique. Dans l'état actuel de nos connaissances je suis obligé de commencer l'étude des terrains jurassiques par le lias moyen.

Cet étage, comme on le verra, est assez bien représenté à Majorque. Je commencerai son étude par les environs de la Muleta. Voici les principaux faits que j'ai observés.

Quand on se dirige de la charmante ville de Soller vers le port, on voit à la hauteur de la casa Garau, sur le flanc gauche de la vallée, une tache jaunâtre produite par les calcaires marneux du lias fossilifère. En montant au gisement fossilifère, on voit la succession suivante :

1° Calcaire compacte gris-noir avec très-petits cristaux de carbonate de chaux disséminés et veinules de spath calcaire ; ils plongent d'environ 15° au Nord ;

2° Calcaires marneux, jaunâtres ou bleuâtres se fragmentant facilement à l'air et renfermant de très-petites paillettes de mica, 30 mètres. C'est dans ces couches que l'on trouve les fossiles liasiques ; l'espèce la plus abondante est la *Terebratula Davidsoni* (1); on en trouve une grande quantité répandue à la surface du sol;

3° Calcaire compacte jaunâtre magnésien légèrement ferrifère composé de petits grains subcristallins; sans fossiles.

J'ai recueilli les fossiles suivants:

Ammonites Jamesoni Sow.
Am. affin. *A. densinodus* Oppel.
Belemnites affin. *B. niger.*
Natica?
Goniomya aff. *G. heteropleura* Agass.
Pleuromya æquistriata Agass.
P. glabra Agass.
P. 3 spec.
Pholadomya reticulata Agass.
Arcomya acuta? Ag.
Mactromya liasina Ag.
Lima aff. *L. pectinoïdes* Sow.
Mytilus, spec.
Inoceramus dubius Sow. (Zieten).
Inoceramus, spec.
Hinnites velatus Gold.
Pecten textorius. Schl. (Rœmer).
Pecten disciformis. Schüb. (Zieten).
Pecten Lacazeï Haime.
Pecten, spec.

---

(1) Les habitants de Soller ont remarqué ces fossiles et ils emploient le mot de *Perdigaias* pour les désigner. J'ajouterai qu'en général j'ai obtenu de bons renseignements des Majorcains et des Minorcains, sur les gisements fossilifères. Je conseille dans les questions à adresser, d'employer le terme de *caracols de piedras* pour indiquer les Ammonites et les gastéropodes et celui de *copiñas* pour les bivalves.

Ostrea Marmoraï Haime.
Rynchonella tetraedra Sow.
R. sp.
Terebratula Davidsoni Haime.

Il est remarquable que l'horizon de la Muleta n'existe que dans une localité très circonscrite. Malgré des recherches attentives, je n'ai pu retrouver ce niveau fossilifère dans la Cordillère principale de Majorque, dont les couches composées de calcaires compactes cristallins ne renferment qu'accidentellement des fossiles.

Mais dans le centre de l'île, entre Petra et Maria, j'ai trouvé un autre niveau fossilifère qui appartient aussi au lias moyen ; sa faune nous indique probablement des couches un peu plus anciennes.

C'est en allant de Maria à la ferme de Rafal que l'on trouve le gisement fossilifère.

A partir de la ferme de Rafal, on marche sur des calcaires gris, jaunes, très-durs, qui plongent légèrement vers Rafal. Puis on arrive à des calcaires jaunâtres contenant du carbonate de fer et quelques grains de carbonate de chaux subsaccharoïde, qui présentent, en outre, de petites veinules de chaux carbonatée cristallisée blanche ; d'autres bancs sont formés de calcaires gris compactes avec nombreuses *Belemnites* peu déterminables, mais rappelant par leur forme la *B. niger*, ils contiennent de petits cailloux de quartz blanc gris, opaques, répartis dans la roche, et sont aussi traversés par des veinules de chaux carbonatée cristallisée.

Les affleurements ont peu d'importance, et ne permettent pas de voir toutes les assises existant entre ce terrain et le néocomien qui affleure à peu de distance, près de Maria. — La différence de plongement indique qu'il faut admettre une faille entre le lias et le néocomien.

Liste des espèces recueillies à Maria :

Belemnites affin. *B. niger.*	*Pecten Hehli* d'Orb.
Spiriferina rostrata Zieten	*P. textorius* Schl.
Terebratula punctata Sow.	*Hinnites velatus* Gold.
T. Cornuta Sow.	*Rhynch. tetraedra* Sow.

Le lias moyen existe aussi près d'Alcudia, où j'ai recueilli, sur le chemin qui mène à Nostra Señora de la Victoria, des échantillons de *Pecten*, ainsi qu'une *Belemnites* voisine de celle de Maria.

MINORQUE.

Aucun fossile du lias n'avait, jusqu'à présent. été cité à Minorque et malgré la grande ressemblance minéralogique des calcaires secondaires de cette île avec ceux de Majorque, il était néanmoins nécessaire de fournir la démonstration paléontologique du synchronisme de ces terrains.

Entre Alcoïtx et Binifabini j'ai trouvé un horizon fossilifère qui indique un niveau un peu supérieur à celui de la Muleta. La grande abondance de la *Rhynchonella meridionalis* caractérise très bien ce niveau qui doit être placé à la partie inférieure du lias supérieur. J'ai recueilli en ce point :

Rhynchonella meridionalis Desl.

Terebratula Mariæ d'Orb.

L'absence d'affleurements m'empêche d'établir les rapports stratigraphiques de cette zone, mais la grande abondance de la *Rhynchonella meridionalis* dont les individus sont identiques à tous les points de vue à ceux de la France méridionale, ne me laisse aucun doute sur la véritable position de cette couche, car M. Hébert a constaté à Saint-Nazaire que cette espèce se trouvait à la base du lias supérieur.

Le lias existe évidemment sur d'autres points du plateau secondaire qui s'étend d'Alayor au cap Pontinat en comprenant le mont Toro, car entre le trias supérieur et le néocomien, on constate l'existence d'une masse épaisse de calcaire ; mais l'absence des fossiles ne m'a pas permis d'y établir de divisions stratigraphiques.

Résumé.

On voit en résumé qu'il existe trois niveaux bien distincts dans les calcaires liasiques de la région des Baléares. Ce sont de bas en haut :

1° Les calcaires à *Spiriferina rostrata* de Maria ;

2° Les calcaires de la Muleta à *Terebratula Davidsoni* ;

3° Les calcaires à *Rhynchonella meridionalis* d'Alcoitx.

Historique.

On se rappelle que les calcaires grisâtres subcompactes d'une partie de la Cordillère principale de Majorque avaient été rapportés au lias par Elie de Beaumont et la Marmora. Les fossiles cités par M. Haime vinrent confirmer les déductions que les auteurs précédents avaient tirées de la stratigraphie et de la nature pétrographique des roches.

Voici la liste des fossiles recueillis à la Muleta près Soller par M. Haime (1) :

Ammonites Jamesoni Sow. (*A. Regnardi* d'Orb.).
Belemnites umbilicatus Blain.
Natica Koninckana? Chap. et Dew.
Pholadomya decorata. Ziet.
P. reticulata. Ag.
Periploma donaciformis. D'Orb.
Mactromya liasina. Ag.
Lima pectinoïdes. Desh.
Pecten disciformis. Schubler in Zieten.
P. textorius. Schl.
P. Lacazei. Haime.
Ostrea Marmorai. Haime.
Rhynchonella tetraedra. Sow.
Terebratula Davidsoni. Haime.
Montlivaltia Haimei. Chap. et Dew.

Un végétal à fibres croisées indéterminable, a été en outre trouvé dans les mêmes couches.

Trois de ces espèces étaient nouvelles, elles furent décrites et figurées par Jules Haime. Il fit remarquer que dix d'entre elles appartenaient au

(1) J'aurai l'occasion de faire plus tard quelques critiques relatives à quelques-unes de ces déterminations.

lias moyen et que deux pouvaient, avec doute, être rapportées à des espèces du lias inférieur.

M. Haime fait remarquer que la moitié des espèces qu'il avait citées avait déjà été signalée par de Verneuil et Collomb dans l'Est de l'Espagne, où ces auteurs auraient presque toujours trouvé les fossiles du lias moyen et du lias supérieur confondus ensemble.

Il me paraît évident que l'on ne peut admettre à Soller, la réunion dans le même horizon, de fossiles appartenant au liasien et au toarcien. Aussi, ne puis-je partager l'opinion de M. Haime; l'ensemble des espèces de Soller indique même, selon moi, un niveau assez inférieur du lias moyen.

M. Bouvy, dans son travail sur Majorque, publié en 1867, admet que le lias moyen, terrain le plus ancien de l'île, occupe la région la plus élevée de la Cordillère du Nord. Il se compose, dit-il de calcaires cristallins, subsaccharoïdes, coupés de nombreuses veines spathiques, produisant un marbre de bonne apparence dont la couleur varie du noir obscur au brun clair; il alterne avec des calcaires marneux fragmentés. M. Bouvy ne connaissait, comme M. Haime, qu'une région fossilifère, la Muleta près de Soller. Il donne de cette localité la même liste de fossiles que M. Haime ; mais il omet la *Pholadomya reticulata* et à la place de la *Terebratula*

Davidsoni, il substitue la *T. subbuculenta*.

Comme on le voit, le travail de M. Bouvy n'ajoute rien à ce que M. Haime nous avait appris sur le lias de Majorque.

ÉTAGES SUPÉRIEURS AU LIAS.

La physionomie particulière des montagnes de Majorque (1) est dûe à une masse considérable de calcaires jurassiques ayant plusieurs centaines de mètres d'épaisseur. Ces calcaires, qui sont généralement de couleur sombre, renferment très peu de fossiles. Il est par conséquent très difficile de fixer leur âge. Ce sont ces assises puissantes que les auteurs ont rapportées tantôt au *lias*, tantôt à l'*oxfordien*, tantôt au *néocomien*. La limite de ces différentes formations a même été tracée sur la carte de M. Bouvy, mais ce travail n'a en réalité aucune valeur ; il est dangereux, en effet, d'établir des divisions exclusivement basées sur des ressemblances minéralogiques, et encore plus, de donner de l'extension en hauteur, à un étage géologique dont on n'a trouvé la faune que dans des couches d'une épaisseur relativement faible. On a vu précédemment que, malgré

(1) Voir la fig. 1 de la planche 1 et l'explication.

des recherches attentives, je n'avais réussi à trouver les fossiles du lias que sur deux points de Majorque, ce qui porte par conséquent à trois le nombre des localités où ce terrain est connu actuellement dans cette île.

Je ne crois donc pas que, dans l'état actuel de nos connaissances, il soit possible d'indiquer sur une carte les limites exactes du lias, car la nature lithologique des roches qui entrent dans sa constitution ne les différencie pas suffisamment des assises des autres terrains ; il serait, de plus, extrêmement difficile de suivre au loin des horizons connus, à cause des nombreux accidents stratigraphiques qui ont été déterminés par des failles et par des plissements.

J'ajouterai encore qu'il est parfois fort difficile de démêler le sens de la stratification des couches que l'on a sous les yeux. Il me paraît évident malgré cela, que cette masse considérable de couches calcaires situées entre le lias et le néocomien, devra se subdiviser et qu'un certain nombre d'étages, peut-être même toute la série jurassique s'y trouvera représentée.

Je vais indiquer maintenant les deux seuls points où j'ai rencontré quelques fossiles. Quoique leur conservation soit très-imparfaite, ils me permettent néanmoins d'indiquer, avec doute il est vrai, l'existence du bajocien et de l'oxfordien.

A Alcudia, sur le versant Nord de la montagne

de Nostra Señora de la Victoria près d'une batterie, j'ai rencontré dans des calcaires compactes éboulés, un fragment d'ammonite rappelant par sa forme générale l'*A. Parkinsoni*, malheureusement je n'ai pu trouver cette espèce en place, ni indiquer la position qu'elle occupe dans les différentes assises de cette localité, où l'on observe des couches qui commencent au lias, et qui se terminent au néocomien et au miocène moyen. La présence de cette espèce me fait penser que de nouvelles recherches amèneront la découverte du bajocien ou du bathonien dans les environs d'Alcudia.

M. Bouvy parle de l'existence de l'oxfordien à Majorque, mais il oublie d'indiquer les fossiles qui l'ont conduit à émettre cette opinion.

Quant aux fossiles oxfordiens cités par M. Haime, il y a dans la liste de cet auteur un mélange d'espèces qui appartiennent les unes à la zone à *Crioceras Duvalii*, les autres à la zone de l'*Ammonites transitorius*. L'*Ammonites athlet* trouvé par la Marmora, n'a jamais été rencontré à Majorque. Je partage complétement l'opinion de M. Bouvy et je suis certain que cette indication est le résultat d'une confusion malencontreuse.

M. Haime n'a pas vu l'oxfordien de Majorque. Les couches qu'il a considérées comme devant appartenir à ce terrain appartiennent en réalité à l'horizon de l'*Ammonites transitorius*.

Dans la région montagneuse de l'île, à une hauteur de 1000 mètres environ, entre Soller et Lluch, on voit au puig de Lofre des calcaires marneux bleus et compactes qui se délitent à l'air; ils ont une trentaine de mètres d'épaisseur, et contiennent des Ammonites mal conservées mais parmi lesquelles on peut néanmoins reconnaître des formes très voisines(1), sinon identiques aux deux espèces suivantes :

Ammonites Delmontanus, Oppel.

Ammonites Backeriæ, auct.

Je pense que ces espèces doivent indiquer la présence de l'oxfordien à Majorque.

Les considérations précédentes s'appliquent aussi aux calcaires jurassiques de Minorque qui présentent au point de vue paléontologique les mêmes difficultés d'étude qu'à Majorque.

TERRAIN CRÉTACÉ.

COUCHES A AMMONITES TRANSITORIUS.

J'ai dit en commençant mon travail que je suivrai la classification géologique adoptée par M. Hébert.

(1) Le mauvais état de conservation des échantillons m'empêche d'affirmer la rigoureuse exactitude de ces déterminations spécifiques, car il existe deux autres espèces assez voisines, la première l'*A. Murchisonæ*, Sow. du Bajocien inférieur; la seconde l'*A. subbackeriæ*, d'Orb. du Bathonien.

Les faits que j'ai observés à Majorque sont insuffisants pour me permettre d'aborder les discussions, relatives au rang que doivent occuper ces assises, soit dans les terrains crétacés, soit dans les terrains jurassiques.

Je commencerai donc l'étude des terrains crétacés par les couches à *Ammonites transitorius*, Oppel, en me contentant d'exposer purement et simplement les faits que j'ai observés.

La présence des assises à *Ammonites transitorius* n'avait pas encore été signalée aux îles Baléares. Je crois cependant qu'on avait déjà recueilli quelques fossiles de cet horizon. C'est ainsi que je m'explique la présence de l'*Ammonites plicatilis* dans les listes de fossiles de M. Haime et de M. Bouvy, car ces couches sont les seules qui renferment des espèces que l'on ait pu confondre avec elle.

Une étude détaillée de cette assise au point de vue stratigraphique et paléontologique était nécessaire puisqu'un examen superficiel des auteurs précédents avait fait placer cet horizon dans les couches néocomiennes à *Crioceras Duvalii* (1) et dans l'oxfordien.

Les calcaires à *A. transitorius* se voient à Majorque sur un assez grand nombre de points. C'est

(1) M. Bouvy, (note sur les lignites des Baléares, 1857) croit que la faune des calcaires marbres est la même que celle des calcaires argileux à *A. subfimbriatus* qui leur sont superposés.

surtout aux environs de Binisalem et de Selva qu'ils sont bien développés. Ils sont surmontés par les calcaires marneux néocomiens.

Le voisinage constant de ces deux horizons a été la cause de l'erreur de M. Bouvy.

Les calcaires de la zone à *A. transitorius* ont un faciès particulier qui permet de les distinguer facilement des couches sur lesquelles ils reposent et de celles qui les surmontent ; ce sont des calcaires marbres à cassures irrégulières, montrant sur les sections qui sont exposées à l'air de nombreuses nodosités. Leur couleur généralement grisâtre ou jaune est néanmoins assez variable, on y observe assez souvent des parties colorées en rose ou en vert. Les fossiles y sont nombreux et ces couches forment un des meilleurs horizons géologiques de Majorque.

Au pied des collines de Binisalem et de Selva, ces calcaires sont exploités pour les constructions des maisons et des édifices des villages voisins, c'est ainsi que les dalles des marches de l'église de Selva montrent à leur surface une grande quantité d'Ammonites de ce niveau.

Description des gisements.

Aux environs de Binisalem, de Lloseta et de Selva, les gisements se trouvent à une petite distance du pied des collines, et par conséquent à une faible hauteur au-dessus du niveau de la mer. On peut dire d'une manière générale qu'en se dirigeant de la plaine vers la montagne, on marchera successivement sur les couches suivantes.

1° Zone à *A. transitorius*;

2° Néocomien à *Crioceras Duvalii*;

3° Système lacustre (éocène inférieur);

4° Calcaires nummulitiques.

Près de Binisalem, on observe à la torre de Horrach une carrière ouverte dans ces calcaires, l'absence de coupe ne permet pas de voir leur contact avec les calcaires marneux à *A. difficilis*, mais les rapports de ces couches démontrent qu'elles sont très-rapprochées.

Sur le chemin de Binisalem à Can Pe Antoni on voit également des carrières ouvertes dans les assises à *Ammonites ptychoïcus*. Je rapporte aussi à cet horizon les calcaires jaunes et roses que l'on voit au-dessous du néocomien marneux, en se dirigeant d'Alaro vers la montagne où est bâti le Castillo.

Sur le chemin qui conduit de Lloseta à l'exploitation des charbons de Biniamar, on voit les couches à *Ammonites transitorius* à cent mètres de la première maison de Biniamar.

Là on pourra recueillir dans les champs une grande quantité d'Ammonites, malheureusement elles se trouvent très-souvent dans un mauvais état de conservation.

J'ai recueilli dans cette localité les fossiles suivants :

Ammonites municipalis, Opp.;

A. eudichotomus, Zitt.;
A. transitorius, Opp.;
A. progenitor, Opp.;
A. Liebigi, Opp.;
A. quadrisulcatus, d'Orb.;
A sp.;

Les calcaires exploités dans la colline à droite, en se mettant en face de la mine de Biniamar, doivent appartenir à cet horizon ; ils ont une quinzaine de mètres d'épaisseur, je n'y ai point remarqué de fossiles, mais leur position au-dessous des calcaires marneux à *Ammonites difficilis* est évidente.

Il est aussi très-probable que les couches qui sont coupées très-fréquemment par le chemin de Lloseta à Biniamar appartiennent également aux assises à *Ammonites transitorius*, mais je n'ai trouvé de fossiles que dans les endroits que j'ai précédemment indiqués.

La coupe ci-jointe montre les relations qui existent dans cette région entre les calcaires à *A. transitorius*, les calcaires marneux à *A. difficilis*, la formation lacustre et les couches nummulitiques.

FIG. 24.

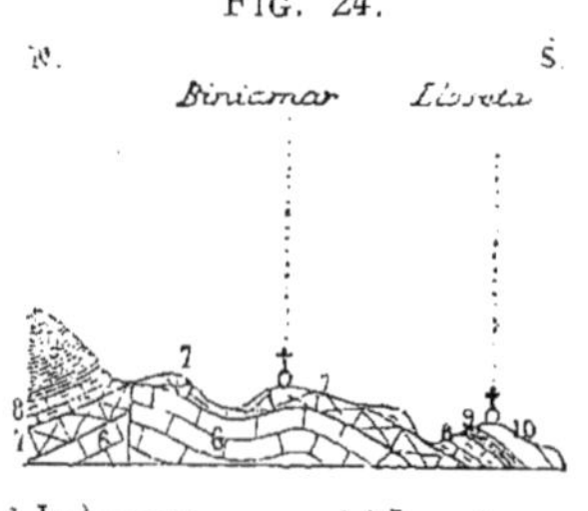

6. Jurassique.
7. 7. à Am. transitorius.
8. Néocomien.
9. Lacustre.
10. Eocène moyen.

Au Sud et à peu de distance de l'usine de Bonassé près de Selva, on voit dans les champs des exploitations ouvertes dans les calcaires à *Ammonites transitorius*. Les carrières sont peu profondes et sont situées dans la plaine ; elles doivent se trouver au centre d'un petit bombement, car les calcaires marneux néocomiens affleurent au Sud et au Nord.

Dans cette dernière direction, comme l'indique la coupe suivante, le néocomien est recouvert par le système lacustre.

FIG. 25.

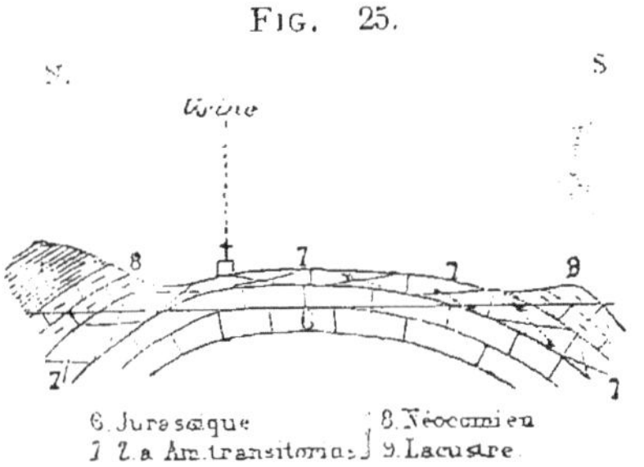

A l'Ouest de ce point, on observe encore les assises à *A. transitorius* dans la montagne, aux environs de Biniarroy.

Le point précis où se trouve le gisement fossilifère des calcaires marbres, se nomme Can Rafaël.

A très-peu de distance, on constate à leur partie supérieure, l'existence des calcaire marneux néocomiens.

J'y ai recueilli :

Ammonites transitorius, Opp. ;
A. ptychoïcus, Quenst. ;
A. microcanthus, Opp. ;
A. Calypso (*Silesiacus*, Opp.) d'Orb. ;
A. sp. ;
A. sp. ;
Aptychus Beyrichi, Opp. ;
Aptychus punctatus, Voltz. ;

A Bonassé, les couches dont je viens de parler sont très-peu élevées au-dessus du niveau de la mer (50^{m}), elles augmentent d'altitude en se rapprochant de Can Rafaël où elles atteignent leur maximum d'élévation, soit 450 mètres ; hauteur que j'ai relevée par une observation barométrique. Ces deux points sont distants d'environ 6 kilomètres seulement. Can Rafaël n'est pas le seul endroit de la région montagneuse où l'on observe les assises à *Ammonites transitorius*. Au Nord d'Alaro on les voit également dans la montagne près de Sollerich et d'Orient. Ces trois gisements sont situés d'ailleurs sur la même ligne.

Sur le chemin d'Alaro au puig de Lofre, on voit au delà de la Casa de Sollerich de nombreux affleurements dans des calcaires rouges et verts qui ont une vingtaine de mètres d'épaisseur et qui sont situés au-dessous du néocomien marneux.

Ces mêmes assises avec un faciès identique se retrouvent en descendant le col que l'on traverse pour aller d'Alaro à Orient.

Au-dessus de la plaine, la cote de ce point obtenue par une mesure barométrique, est de 400 mètres.

Dans ce point, on voit un beau développement de ces calcaires blancs, roses, avec taches vertes ; ils ont une trentaine de mètres d'épaisseur, et plongent au Nord-Est de 45°. En descendant dans la vallée, on constate immédiatement qu'ils sont recouverts par les calcaires marneux à *Ammonites difficilis*. Par suite d'une faille, ces mêmes calcaires roses reparaissent dans le village d'Orient,

Dans l'horizon de l'*A. transitorius*, j'ai recueilli quelques espèces assez mal conservées, au col qui est situé entre Alaro et Orient et dont j'ai déjà parlé.

Près de Can Grau, entre Estellenchs et Andraitx, on trouve à droite du chemin un affleurement de calcaires jaunes souvent roses, renfermant beaucoup d'*Ammonites* peu déterminables. Ces assises paraissent avoir peu d'épaisseur. Je les ai observées sur une longueur de cinquante mètres.

Dans la montagne elles s'élèvent à une altitude beaucoup plus considérable, car à la montée de S'Escrop, près d'une fontaine, à droite du sentier, j'ai recueilli l'*Ammonites ptychoïcus* à plus de deux cents mètres au-dessus du point dont je viens de parler, dans des calcaires semblables à ceux que j'ai déjà décrits.

A Can Grau, la faune se compose de :

Ammonites transitorius, Opp. ;
A. municipalis, Opp.;
A. ptychoichus, Quenst. ;
A. cyclotus, Opp. ;
A. sp.;

J'ai trouvé également le niveau de l'*Ammonites transitorius* au-dessous des calcaires marneux néocomiens sur la route de Palma à Pollenza, à peu de distance de ce village. Malgré mes recherches, je n'ai encore pu trouver ni à Minorque ni à Cabrera les couches à *Ammonites transitorius*.

Je dois résumer ici brièvement les observations stratigraphiques et paléontologiques qui concernent les assises dont je viens de m'occuper. Tout d'abord je dois dire que je n'ai pas trouvé entre les couches à *Ammonites transitorius* et les assises jurassiques sans fossiles, les conglomérats et les brèches qui ont été signalés en Europe sur un assez grand nombre de points.

Je n'ai pas vu de discordance de stratification entre ces deux formations; du reste, il ne semble pas non plus qu'il y en existe entre les couches à *Ammonites transitorius* et le néocomien, quoiqu'il y ait une lacune assez tranchée entre ces dépôts : les couches de Berrias faisant défaut.

Au point de vue paléontologique, il existe certainement des relations assez étroites entre les deux derniers dépôts dont je viens de parler, et j'ai déjà, dans une note publiée dans le Bulletin de la Société géologique, indiqué un certain nombre d'espèces communes. Dans la liste suivante, qui indique ces espèces, on remarquera la présence de l'*Ammonites macrotelus* Oppel, forme si curieuse et si caractéristique, trouvée dans les calcaires à *Ammonites transitorius* de Koniakau.

J'indique ici cette forme, parce que je l'ai recueillie à San Juan dans les calcaires du néocomien, proprement dits :

Ammonites semisulcatus, d'Orb. (*ptychoïcus*, Quenst.);
A. Calypso, d'Orb.;

A. macrotelus, Opp.;
Terebratula janitor, Pictet;
T. diphya, de Buch.

NÉOCOMIEN.

Le néocomien proprement dit, repose directement, comme on le verra dans la suite, sur les couches à *Ammonites transitorius* qu'il accompagne presque toujours.

Je dois rappeler ici, que j'ai déjà dit qu'il devait exister une lacune entre ces deux formations. puisque je n'ai pu découvrir la faune des calcaires de Berrias dans aucune des nombreuses localités que j'ai visitées. Les couches néocomiennes à *Crioceras Duvalii* sont celles qui sont le plus développées et qui offrent la plus grande extension. Cependant sur un certain nombre de points, il existe des assises qui par leur faune paraissent appartenir à un niveau plus inférieur, caractérisé par les *Ammonites Astierianus, cryptoceras*, etc.; mais comme je n'ai pu voir leurs rapports stratigraphiques, je me contenterai de les grouper plus loin, dans le résumé, et de renvoyer aux pages où elles sont décrites en détail.

Le néocomien constitue un des meilleurs horizons géologiques de la région des îles Baléares. Il est facilement reconnaissable à sa nature lithologique, son épaisseur et l'abondance de ses fossiles.

Il est formé à Majorque par des calcaires marneux blancs ou bleuâtres, on y rencontre des bancs d'argiles ou de marnes bleues qui blanchissent à l'air, et qui renferment souvent des sphéroïdes de pyrite de fer.

Beaucoup de puits sont creusés dans le néocomien qui renferme toujours une nappe d'eau.

Les affleurements sont répartis à Majorque sur trois surfaces séparées par des dépôts plus récents :

1° Région de la cordillère principale;

2° Région centrale;

3° Région montagneuse orientale des environs d'Arta.

Je vais passer en revue ces trois régions, en commençant par celle qui offre le développement le plus complet.

1° *Cordillère principale.*

On peut dire d'une façon générale que le néocomien est réparti le long du bord Sud et du bord Ouest de la Cordillère principale. On l'observe souvent à un niveau peu élevé, plus rarement il se montre dans la partie centrale de cette chaîne montagneuse qui est, dans la majorité des cas, constituée par des couches plus anciennes. Je vais d'abord étudier la partie occidentale, puis je décrirai les principaux gisements en me dirigeant vers le Nord-Est.

Environs de Palma.

Le néocomien est très bien développé entre le château de Bendinat et la route de Palma à Andraitx qui coupe ces assises dans une tranchée où l'on voit des calcaires marneux et des marnes en bancs assez minces, mais très-plissées. Lorsque l'on examine un affleurement sur une faible distance, les couches paraissent très-bouleversées, contournées, mais si l'on regarde l'ensemble de ces strates sur une longueur beaucoup plus considérable, on voit bien vite que ces accidents sont sans importance et qu'en réalité les bancs néocomiens sont très-peu dérangés de leur position normale et très-peu inclinés. Cette observation n'est pas particulière à la localité dont je viens de parler, elle peut s'appliquer à beaucoup d'autres points.

Le néocomien repose sur des calcaires compactes (1) que l'on voit affleurer le long de la route de Palma. C'est également à un niveau inférieur que je rapporte les calcaires de la montagne, contre lesquels viennent buter par suite d'une faille les assises néocomiennes fossilifères.

J'ai recueilli dans le néocomien de Bendinat,

(1) Je n'ai pas trouvé de fossiles dans ces calcaires, mais ils me paraissent appartenir aux calcaires à *A. transitorius*.

surtout aux environs de la route de Palma, près de la tranchée, les fossiles suivants :

Belemnites pistilliformis, Bl.;
B. dilatatus, Bl.;
B. sp.;
Ammonites lepidus, d'Orb.;
A. Honoratianus, d'Orb.;
A. incertus, d'Orb.;
A. Rouyanus, d'Orb.;
A. diphyllus, d'Orb.;
A. Grazianus, d'Orb.;
A. difficilis, d'Orb.;
A. subfimbriatus, d'Orb.;
A. Tethys, d'Orb.;
A. Mortilleti, Pictet;
A. consobrinus, d'Orb.;
A. voisin de *A. Potieri*, Math.;
A. Sauvageani, Herm.;
A. Ponsi, Herm.;
A. sp.;
Crioceras Duvalii, Léveillé;
Scaphites, sp.;
Aptychus angulicostatus, Pictet et de Loriol;
Pholadomya Trigeriana, Cotteau;
Terebratula diphya, de Buch;
T. hippopus, Rœmer;
T. sp.;
T. sp.;
Collyrites oblongus, d'Orb.;
C. Berriasensis, de Loriol;
C. sp.;
C. sp.;
Archiacia, nov. sp.,

Polypier indeterm.;

On voit par cette liste que le gisement de Bendinat offre un mélange intéressant d'espèces qui se trouvent soit à la base du néocomien inférieur, soit à sa partie moyenne ou à sa partie supérieure. Cette localité est située à peu de distance de Palma. Elle est d'une très-grande richesse en céphalopodes et je suis convaincu que des recherches ultérieures feront sans doute découvrir des échantillons qui me permettront alors de décrire et de figurer un certain nombre de formes nouvelles très-intéressantes que l'insuffisance actuelle de matériaux me force à passer sous silence.

En descendant la vallée de Bendinat vers le Sud-Ouest on trouvera divers affleurements, notamment près de la route d'Andraitx. A une distance très-rapprochée de Palma, trois kilomètres environ, entre Son Taulera et Son Bergo, on voit des calcaires marneux blancs néocomiens.

On peut suivre leurs affleurements dans le ravin, à 300 mètres au Sud de Son Bergo (1). Ces assises sont peu développées et ne paraissent pas très-fossilifères.

De grandes taches blanches à l'Ouest de Son Puig d'Orfila, révèlent encore la présence du néo-

(1) J'ai recueilli dans cette localité une espèce nouvelle d'ammonite dont le mauvais état de conservation ne me permet pas de donner la description.

comien que l'on retrouve en s'éloignant de Palma et en se dirigeant vers Valdurgent à Son Suredeta.

Plus loin une colline au Nord-Est de Santa Eulalia, montre un beau développement de calcaires marneux et de marnes néocomiennes visibles sur une épaisseur d'environ 40 mètres ; malheureusement les couches sont peu fossilifères. Enfin entre Santa Eulalia et le Col de Valdurgent, on rencontre également le néocomien sous la forme de calcaires blancs marneux ; j'y ai trouvé *l'Ammonites Astierianus*, d'*Orb.* et un *Dysaster*, sp.

Environs de Calvia.

Dans les environs du village de Calvia situé entre Palma et Andraitx, on peut étudier les couches néocomiennes qui se montrent avec un beau développement; elles se reconnaissent très-facilement de loin, comme dans plusieurs autres localités, par les grandes taches blanches qui tranchent nettement sur le ton généralement plus gris du paysage.

On peut recueillir entre Calvia et Escapdella, une assez grande quantité de fossiles, malheureusement ils se brisent avec une grande facilité.

Je citerai :

Ammonites Tethys ? d'Orb.;
A. Honoratianus, d'Orb.;
A. Dumasianus, d'Orb.;
A. Calisto, d'Orb.;
A. Mortilleti, Pictet;

Crioceras Duvalii, Leveillé;
Ptychoceras, nov. sp.;
Hamulina, sp.;
Aptychus voisin de *A. latus*, Voltz;
A. angulicostatus, Pictet et de Loriol,
Astarte, sp.;
Terebratula, sp.;
Scalpellum, nov. sp.;
Collyrites, sp.;
C. sp.;
Phyllocrinus Renevieri, Pictet et de Loriol;

Le long du chemin de Valnegre, au pied de la colline, les calcaires marneux néocomiens présentent quelques affleurements.

De Calvia à Valdurgent le chemin suit presque constamment les calcaires à Ammonites; ces assises sont très-visibles sur les deux flancs de la grande dépression qui va de Valdurgent à la mer.

Cette ferme est bâtie sur les calcaires néocomiens qui plongent au N.-O. On suit ces couches en montant vers le col qui sépare la vallée de Valdurgent de la vallée de Palma; là elles s'élèvent jusqu'à la cote 420 (1). A peu de distance vers l'Est et vers le Sud-Ouest, elles se trouvent presque au niveau de la mer, car j'ai constaté leur présence près de Palma et dans la plaine de Santa Ponsa.

Si de Valdurgent on se dirige à l'Ouest vers Ga-

(1) J'ai obtenu cette cote au moyen du baromètre anéroïde.

lilea, on rencontre les calcaires marneux blancs à *Aptychus angulicostatus* au col que l'on franchit à peu de distance de cette dernière localité; à partir de ce point, on les suit le long du chemin jusqu'à Galilea.

En allant de Calvia à Andraitx on voit le néocomien à la casa de Torra ; il est bien développé dans la vallée de Vall Verd, mais il est malheureusement recouvert en beaucoup de points, par les alluvions du torrent, ce qui rend son étude difficile.

Entre Bordillat et la plaine de Santa Ponsa, j'ai observé sur le bord de la mer quelques affleurements de ce terrain.

A l'Ouest de la ferme de Santa Ponsa, sur le flanc droit de la vallée de Calvia, on voit près de la mer, dans la colline, un affleurement qui montre le néocomien sur 25 mètres d'épaisseur. Dans la plaine de Santa Ponsa, à l'Est de la ferme, les calcaires marneux blancs à *Ammonites difficilis*, *A. Mortilleti*, etc., acquièrent une assez grande puissance; on les retrouve aussi vers le Sud, dans les collines voisines de la mer.

Environs d'Andraitx.

La plus grande partie du col d'Andraitx qui est traversé par la route de Palma, se trouve dans les calcaires marneux néocomiens qui s'élèvent sur les deux côtés de la montagne pour en suivre les pentes.

On voit en montant :

1° Calcaire brisé en fragments anguleux cimentés (formation récente);

2° Calcaires à Ammonites, bien visibles au col et surtout en descendant vers Palma. On constate que ces couches sont traversées parfois par des veines de silice de 0^m 02 d'épaisseur, et par des veines argileuses rouges. Je pense que ce phénomène est dû au voisinage de quelques roches éruptives.

Ces accidents sont bien visibles sur la face de la colline qui regarde Andraitx.

On peut suivre les calcaires marneux néocomiens au pied du col d'Andraitx, le long de la chaîne de collines qui va vers la mer dans la direction de la ferme du Camp del Mar, où ils réapparaissent encore.

Si de ce point on marche soit vers l'Est, soit vers l'Ouest, on ne tarde pas à rencontrer les mêmes assises. Dans le premier cas, elles se montrent le long de la route avant d'arriver à Bordillat, dans le second, à Cala Blanca et dans le col qui sépare ce point du port d'Andraitx. Là, près de la Casa Garavat, des affleurements de marnes blanches néocomiennes viennent buter contre les couches de la colline voisine, par suite d'une faille.

Fig. 26.

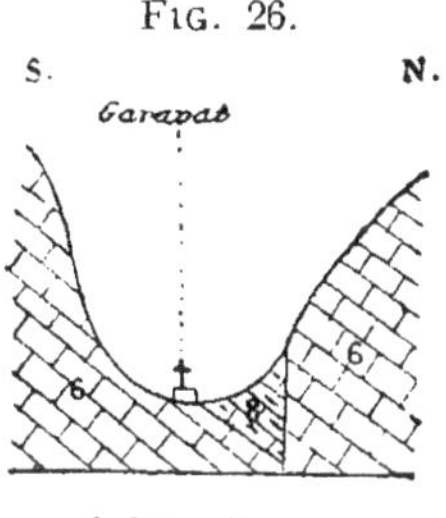

Les calcaires marneux à *Aptychus* s'observent sur divers

points du chemin d'Andraitx à Sa Raco; ils sont bien développés sous l'église de Sa Raco.

A cinq cents mètres du col qui se trouve sur le chemin de Sa Raco à Can Toni Llaro, ils présentent des bancs marneux, dans lesquels j'ai trouvé *Terebratula sella*, deux *Hemiaster*, et une grande espèce nouvelle d'Ammonite, dont les échantillons sont malheureusement trop mal conservés pour être dessinés.

Enfin les mêmes couches se voient près de l'Ermitage de San Telmo et dans la falaise de Cala Tio où j'ai recueilli dans des bancs de marne noirâtre un *Toxaster* voisin du *T. complanatus.*

Sur le chemin d'Andraitx à Estellenchs, les calcaires à Ammonites, apparaissent en sortant du village, dans la colline qui domine l'église.

Au col qui donne passage à ce chemin, j'ai vu des calcaires marneux blancs, en bancs minces, alterner avec des argiles verdâtres; leur faciès m'engage à les considérer comme appartenant au néocomien, quoique je n'y ai point rencontré de fossiles.

Dans les environs de Can Grau on voit dans la direction d'Estellenchs, des calcaires marneux blancs à *Aptychus;* mais ils sont peu fossilifères.

Si à partir de ce gisement, on se dirige vers le Nord-Est en suivant le bord de la mer, on cesse de voir le néocomien. Je n'ai pu constater sa présence ni à Estellenchs, ni à Bañalbufar, ni à Valdemosa, ni à Deya, ni à Soller, ni à Lluch. On peut donc dire avec une certaine raison que presque toute la partie de la Cordillère principale qui regar le le Nord, est formée par les terrains secondaires inférieurs à cette formation.

Pour retrouver le néocomien, il faut revenir sur le bord méridional de la Cordillère principale de l'île.

Environs d'Establiments.

Sur la route de Palma à Esporlas, avant d'entrer dans la région montagneuse qui est en grande partie jurassique, on rencontre quelques affleurements de néocomien ; sa présence est due, comme je l'ai déjà indiqué, à la faille principale qui a souvent abaissé les assises secondaires les plus récentes, jusqu'au niveau de la plaine. Au Nord d'Establiments, cette plaine est légèrement ondulée, elle est formée par des calcaires néocomiens. On en voit le long de la route quelques affleurements peu importants, à 400 mètres environ avant d'arriver aux premières maisons d'Establiments. Ils apparaissent encore au-dessous de la maison de Son Went.

De Can Berga aux environs de Son Gual, on marche presque toujours sur ce terrain.

Environs de Buñola, Alaro, Binisalem, Lloseta, Selva.

En décrivant les calcaires à *Ammonites transi-*

torius, j'ai démontré qu'ils avaient, dans cette région, deux modes de répartition : 1° dans la plaine ; 2° dans la montagne, aux environs de Biniarroy et d'Orient. On ne sera donc pas étonné de voir des faits analogues pour les calcaires marneux à *A. difficilis*, qui recouvrent, comme je l'ai déjà indiqué, les calcaires à *A. transitorius* dans tous les points où j'ai pu constater leur présence.

Je vais d'abord étudier le néocomien dans la plaine, puis je suivrai ses affleurements dans la région montagneuse.

Son étude est très facile à faire dans les environs du village d'Alaro, car dans ce point il est bien représenté. On le rencontre d'abord entre le village et la montagne du Château d'Alaro ; mais c'est surtout vers le Sud-Ouest que l'on voit les plus beaux affleurements.

A la sortie d'Alaro, en se dirigeant vers la colline des moulins à vent, on voit à la dernière maison du village, des calcaires marneux blanchâtres ou grisâtres dans lesquels j'ai recueilli :

Ammonites difficilis, d'Orb.;
A. Rouyanus, d'Orb.;
Turrilites, sp.;
Ancyloceras voisin de *A. varians*, d'Orb.;
A. simplex, d'Orb.;
A. voisin de *A. dilatatus*, d'Orb.:
Toxoceras annularis ? d'Orb.;
Ptychoceras, sp.

L'affleurement de peu d'épaisseur où j'ai recueilli

ces fossiles me paraît évidemment se rapporter par sa faune, à un niveau particulier (1) du néocomien où abondent les céphalopodes à coquilles déroulées. A 1500 mètres plus loin vers l'Ouest, on observe divers affleurements de peu d'épaisseur, de calcaires marneux blanchâtres, peu fossilifères. Dans cette localité, le néocomien est directement recouvert par le terrain nummulitique. En approchant de la région montagneuse les couches à *Ammonites difficilis* se montrent avec leur faciès habituel sur une épaisseur d'environ 40 mètres. J'y ai recueilli :

Belemnites Lulli, Herm.;
Ammonites intemperans, Coq.;
A. difficilis, d'Orb.;
A. Rouyanus, d'Orb.;
A. Jaumei, Herm.;
A. 2 spec. ind.;
Turrilites voisin de *T. Piettei*, Matheron;
Aptychus angulicostatus, Pictet et de Loriol;
Cerithium, sp.;
C. sp.;
Inoceramus neocomiensis, d'Orb.;
Inoceramus, sp.;
Neæra, sp.;
Lima, sp.;
Pecten Agassizi, Pictet et de Loriol;
Rynchonella, sp.;

(1) Ce niveau correspond aux calcaires à Crioceras Duvalii si bien représentés en France, dans les Basses Alpes.

Waldheimia, sp.;
Collyrites, sp.;
Hemiaster ?
Echinides indéterm.

Au sud d'Alaro, les calcaires marneux néocomiens se montrent encore avec une assez grande puissance ; on pourra les suivre le long du chemin d'Alaro à Consell et autour de la colline qui regarde la gare près de Son Palou. Près de ce point le fond de la petite vallée est formé par les argiles bleues qui appartiennent à cet étage.

J'ai également observé le néocomien, à Estrema Nova, sur le chemin de Buñola.

Aux environs de Binisalem, il ne paraît pas avoir une épaisseur aussi grande qu'à l'Ouest d'Alaro, car à la mine de Belleuver, aujourd'hui abandonnée, il est facile de constater que les sondages exécutés pour les travaux de recherches ont traversé les marnes et les argiles néocomiennes. L'entrée de cette mine est à peu près horizontale. A très-peu de distance une carrière située un peu plus bas, montre des bancs sensiblement horizontaux de calcaires marbres très-compactes, qui appartiennent très certainement à la zone de l'*Ammonites transitorius*. D'un autre côté l'étude des assises supérieures indique que le système lacustre n'est séparé de cette dernière formation que par une distance verticale d'une dizaine de mètres.

Près de la mine de Belleuver j'ai recueilli les fossiles suivants :

Belemnites Salvatoris Austriæ, Herm.;
Ammonites Astierianus, d'Orb.;
A. subfimbriatus, d'Orb.;
A. lepidus, d'Orb.;
A. incertus, d'Orb.;
A. Rouyanus, d'Orb.;
A. cryptoceras, d'Orb.;
A. Mortilleti, Pictet;
Ammonites, 2 sp.;
Crioceras Duvalii, Léveillé,
Aptychus Seranonis, Coquand;
A. Mortilleti, Pictet;
A. angulicostatus, Pictet et de Loriol;
Alaria, sp.;
Trochus, sp.

En montant vers la casa de Belleuver on rencontre des affleurements de néocomien qui sont, par suite d'une faille, à une altitude beaucoup plus considérable; ce sont probablement des faits de ce genre qui ont induit en erreur M. de la Marmora, et plus tard M. Bouvy, et leur ont fait croire que la formation lacustre éocène était intercalée dans les calcaires néocomiens à Ammonites.

Près de la mine de la torre de Horrach on peut également constater que l'épaisseur totale du néocomien ne dépasse pas celle que j'ai relevée à la mine de Belleuver, car les anciennes exploitations de lignites tertiaires ne se trouvent qu'à une dizaine de mètres au-dessus des calcaires à *Ammonites transitorius*.

On retrouve encore les calcaires à *Aptychus* à la base des collines qui s'étendent de Binisalem à Lloseta.

Dans cette dernière localité j'ai recueilli en assez grand nombre, les fossiles suivants au pied d'une petite colline située près du cimetière (Campo Santo).

Belemnites subfusiformis, Raspail;
B. sp.;
Ammonites intermedius, d'Orb.;
A. Seranonis, d'Orb.;
A. diphyllus, d'Orb.;
A. difficilis, d'Orb.;
A. Tethys, d'Orb.;
A. lepidus, d'Orb.;
A. Phestus, Math.;
A. 2 sp ;
Ptychoceras Puzozianus, d'Orb.;
P. nov. sp.;
P. sp.;
Aptychus angulicostatus, Pictet et de Loriol;
Posidonomya, sp.;
Terebratula, sp.;
Discina, sp.;
Terebratulina auriculata d'Orb.;
Radiole de Cidaris.

Les affleurements des marnes et des argiles néocomiennes peuvent se suivre le long du flanc nord de la colline sur laquelle est bâtie Lloseta;

de nombreux puits sont creusés dans ce niveau.

A la sortie de Lloseta en se dirigeant vers Biniamar, on trouve encore des puits creusés dans les argiles bleues. J'y ai recueilli quelques Ammonites indéterminables, transformées en sulfure de fer.

En se dirigeant vers la mine qui est exploitée près de cette dernière localité, on remarque que le néocomien se relève légèrement à mesure que l'on s'avance dans cette direction. C'est ainsi qu'en montant à Biniamar, on trouve les calcaires marneux blancs à environ 1 kilomètre de Lloseta. Près de la mine, à droite du chemin, on en voit encore un petit affleurement. A droite de la mine (en lui faisant face) on observe de nouveau dans la colline les calcaires à *Ammonites* et à *Crioceras*. Ils paraissent avoir une épaisseur qui ne doit pas dépasser 5 ou 6 mètres. C'est un fait à rapprocher de ceux que j'ai déjà indiqués aux environs de Binisalem.

Lorsque l'on suit la route d'Inca à Selva, après avoir traversé le pont du torrent qui descend de Mancor, on constate que le sol est formé par les calcaires marneux néocomiens ; ils n'affleurent pas à la surface, mais au milieu des roches retirées des puits j'ai recueilli :

Belemnites subfusiformis, Raspail;
Ammonites Astierianus, d'Orb. ;
A. Rouyanus, d'Orb.;

A. incertus, d'Orb.;
A. sp.;
Ptychoceras, sp.

Au Sud et au Nord de l'usine de Bonasse on observe le néocomien. Au Sud il se voit dans les déblais retirés des puits. Au Nord il s'observe à la base de la colline, au-dessous de la formation lacustre éocène; les lignites étaient autrefois exploitées en ce point.

Ici encore le néocomien a une faible épaisseur et quoique les contacts soient cachés aux regards de l'observateur, il est évident qu'une très petite distance verticale sépare la formation éocène lacustre, des calcaires à *Ammonites transitorius*.

Le long du chemin de Bonasse à Selva, à gauche de la route, on observe dans la colline de nombreux affleurements de marnes et de calcaires marneux néocomiens; là les couches sont plus ou moins ondulées, mais leur niveau général se tient toujours à une faible altitude au-dessus de la plaine.

Sur la route de Selva à Mancor (un kilomètre environ après avoir traversé le pont), j'ai recueilli les espèces suivantes dans un affleurement situé à droite du chemin.

Belemnites pistilliformis, Bl.;
B. semicanaliculatus, Bl.;
B. subfusiformis, Rasp.;
B. Œlherti, Herm.;

B. Rodriguezi, Herm.;
Ammonites diphyllus, d'Orb.;
A. difficilis, d'Orb.;
A. subfimbriatus, d'Orb.;
A. Tethys, d'Orb.;
A. lepidus, d'Orb.;
A. Rouyanus, d'Orb.;
A. semistriatus, d'Orb.;
A. semisulcatus, d'Orb.;
A. voisine de *A. Potieri*, Math.;
A. Mortilleti, Pictet;
A. 2 sp;
Crioceras, sp.;
Hamulina, sp.;
Aptychus angulicostatus, Pictet et de Loriol;
Pholadomya Trigeriana, Cotteau;
Lithodomus, sp.;
Lucina, sp.;
Avicula, sp.;
Pecten Cottaldinus, d'Orb.;
P. sp.;
Terebratula diphya, de Buch.;
T. hippopus, Rœmer;
T. 3 sp.;
Discoidea, sp.;
Phyllocrinus Malbosianus, d'Orb.

Comme la présence de la *Terebratula diphya* au milieu d'une faune où jusqu'à présent on ne l'avait encore rencontrée qu'une seule fois pourrait soulever quelques objections, il est nécessaire d'ajouter que toutes les espèces citées en ce point ont été recueillies par moi en place dans un affleurement qui montre, sur une épaisseur de deux mètres, des couches qui renferment les mêmes espèces.

En allant vers Mancor, à gauche du chemin se trouve une colline qui présente à sa partie inférieure des calcaires marneux néocomiens, peu fossilifères.

Près de ce point en retournant vers Bonasse, j'ai trouvé dans les roches extraites d'un puits, des fossiles qui appartiennent au même horizon ; je signalerai en outre la présence de deux espèces nouvelles d'*Inoceramus* que je n'ai pas retrouvées ailleurs. Leur état de conservation ne m'a pas permis de les décrire.

A 300 mètres de Selva, on observe dans la colline qui est entamée par le chemin de Caymari, des affleurements de marnes et de calcaires marneux généralement blanchâtres, dans lesquels j'ai recueilli :

Belemnites, sp.;
Ammonites difficilis, d'Orb.;
A. nov. sp.;
A. lepidus, d'Orb.;
A. Rouyanus, d'Orb.;
A. Mortilletti, Pictet;
Ancyloceras, sp.;
Aptychus angulicostatus, Pictet et de Loriol.

Aux environs de Caymari, au pied de la montagne, on peut étudier un certain nombre de gisements néocomiens. Je parlerai seulement des affleurements qui sont situés au Nord-Est de ce village.

A trois cents mètres de l'Eglise de Caymari, sur le chemin de Castells, on voit à droite et à gauche, affleurer les calcaires néocomiens, qui sont ramenés plusieurs fois au jour par suite d'une succession de failles.

La coupe ci-dessous met ces failles en évidence et montre que les assises ondulées du néocomien s'étendent depuis le Sud de Caymari jusqu'au Nord d'Inca ; près de ce dernier point elles sont recouvertes, soit par la formation lacustre, soit directement par l'éocène moyen, lorsque l'éocène inférieur manque.

FIG. 27.

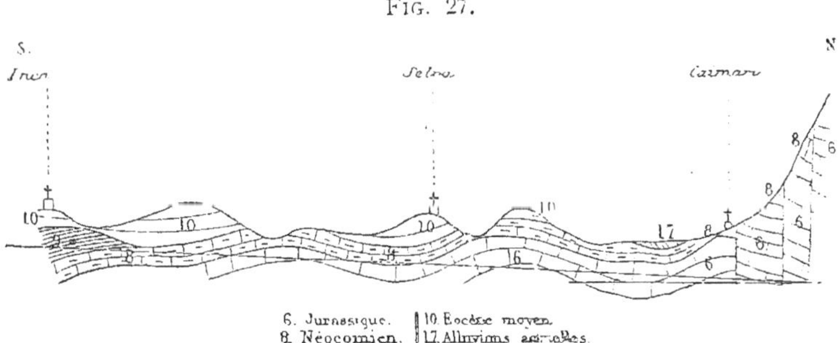

Dans les environs de Castells les calcaires néocomiens sont bien développés ; je citerai les coupes fournies par les flancs d'un torrent situé près de Binixiri ; on y trouve environ 15 mètres d'épaisseur de calcaires marneux et de marnes néocomiennes.

On verra encore dans ces environs de nombreuses failles qui se succèdent et qui offrent une disposition analogue à celles de Caymari. Ces faits sont bien visibles lorsque l'on se dirige vers la montagne qui s'étend à l'Est de Biniabona. Dans cette région, le néocomien paraît avoir une trentaine de mètres d'épaisseur.

Je signalerai encore dans cette direction les environs de Moscari et de Campanet où j'ai observé quelques gisements.

Maintenant que j'ai passé en revue les affleurements néocomiens qui se trouvent situés entre Buñola et Caymari et qui apparaissent à une faible hauteur au-dessus du niveau de la plaine je vais étudier brièvement ceux que l'on observe au Nord, dans la montagne.

Au-delà de Mancor, lorsque l'on s'engage dans la montagne, on trouve à 300 mètres au-dessus de la plaine, près de la ferme de Biniarroy, des calcaires marneux néocomiens.

Un peu plus loin, près de Can Rafaël ils atteignent une altitude encore plus élevée, environ 400 mètres.

De la ferme de Biniarroy, on jouit d'une très-belle vue; je ferai remarquer que dans la direction de Biniamar, on voit dans la montagne une succession de taches blanches qui paraissent indiquer autant de gisements néocomiens, séparés par des failles ; c'est un point que je signale à l'attention des explorateurs qui feraient plus tard une étude détaillée de ces environs.

A la casa de Sollerich, sur le chemin d'Alaro à Soller, par le puig de Lofre, on constate que les calcaires marneux à *Aptychus* reposent sur les calcaires roses à *Ammonites transitorius.*

Au pied du puig de Lofre on voit également les mêmes couches.

Aux environs d'Orient les calcaires marneux blancs néocomiens, sont visibles sur un certain nombre de points ; je citerai en particulier la ferme de Son Bernada.

Entre Orient et Buñola, on voit aussi divers affleurements de néocomien. J'indiquerai celui de la ferme d'Un où les couches sont peu marneuses.

Le néocomien s'observe aussi dans les environs d'Alcudia et de Pollenza, au Nord-Est des points précédents. Dans la montagne de Nostra Señora de la Victoria on voit affleurer à la fontaine de l'Ermitage, des calcaires marneux blancs ayant six mètres d'épaisseur.

Plus haut entre la casa de los Torreos et l'Atalaya de Nostra Señora de la Victoria, se montrent des calcaires blancs dans lesquels j'ai recueilli:

Ammonites Astierianus, d'Orb.

A peu de distance de ce point (50^m), j'ai rencontré des calcaires que je rapporte à la base des assises précédentes et dans lesquels j'ai trouvé :

Ammonites difficilis, d'Orb.

A. Calisto, d'Orb.
Terebratula janitor, Pictet.

Aux environs de Pollenza, sur la route d'Alcudia à Marina, on rencontre des bancs de calcaires marneux qui peuvent s'observer sur un grand nombre d'autres points de la route de Palma où ils ont en général une inclinaison assez faible. Cependant dans les environs du point où se croisent ces deux routes, ils sont redressés presque verticalement. Les calcaires qui forment les assises dont je viens de parler, sont traversés par des veines rouges de 0,30 c. à 0, 40 c. de matière argileuse et sont employés pour l'empierrement de la route. J'y ai recueilli :

Ammonites Calisto, d'Orb.
Am. Astierianus, d'Orb.

Et un corps problématique formé de lignes concentriques limitant des espaces striés transversalement; je dois encore signaler la présence d'une grande espèce d'ammonite de 0,30 c. de diamètre, qui me paraît nouvelle, mais que je n'ai pu recueillir en assez bon état pour être décrite.

Avant d'arriver à la grande route d'Alcudia à Palma, on cesse de voir le néocomien; là les collines sont formées par des assises calcaires inférieures à cet étage. En terminant l'étude du néocomien de la Sierra principale, je ferai encore remarquer qu'à part les environs de Galilea, de S'Escrop d'Orient et de Biniarroy, ce terrain ne s'élève pas à une grande altitude au-dessus de la mer. J'ai déjà dit qu'on devait expliquer ce fait par les nombreux accidents stratigraphiques de différents ordres, qui sont survenus dans la région montagneuse depuis leur dépôt.

II. RÉGION CENTRALE.

Au pied du puig de Randa, entre le village de ce nom et le puig de Galdent, j'ai constaté l'existence du néocomien (1).

Il se trouve situé très-près d'une petite carrière où l'on exploitait autrefois des bancs de gypse présentant des feuillets blanchâtres ou brunâtres, formés de nombreuses petites lames cristallines et miroitantes. J'ai recueilli en ce point, dans un calcaire marneux assez compacte, l'*Ammonites difficilis* et des *Crioceras*, sp.

Ces gypses paraissent devoir se relier plutôt au néocomien sur lequel ils reposent, qu'au terrain nummulitique qui lui est directement superposé, à moins qu'ils ne soient un représentant du système lacustre qui manque en ce point. La question est assez difficile à résoudre, avec les documents actuels.

Dans les environs de Casas Novas, j'ai encore observé à la surface du sol, des fragments de calcaires néocomiens, qui me font penser que ce ter-

(1) Ce gisement n'est pas indiqué sur la carte de M. Bouvy.

rain existe à une faible profondeur, sur plusieurs points des environs de Randa.

Les calcaires marneux néocomiens existent aussi près de Montuiri au puig de San Miguel. Ils sont mis au jour par la route de Villafranca.

Entre Montuiri et Villafranca, la route coupe encore sur d'autres points, les assises néocomiennes, qui deviennent souvent très-marneuses.

Près Son Ollandes, entre Villafranca et Petra, le chemin passe dans le voisinage d'un monticule où l'on voit, de nouveau, les calcaires néocomiens.

Je citerai divers points entre Petra et Maria où j'ai constaté l'existence des mêmes assises.

A quelques centaines de mètres d'Ariañy, en descendant par le chemin qui conduit à Maria, on rencontre les calcaires marneux à *Aptychus;* on les retrouve encore plus bas sur la route qui mène de Petra à Maria.

J'ai pu recueillir les espèces suivantes :

Ammonites Astierianus, d'Orb.
Crioceras aff. *C. Duvalii,* Lév.
Crioceras, n. sp.

Il faut ajouter à cette liste une nouvelle espèce d'*Ammonites* du groupe de l'*A. plicatilis*.

Avant d'arriver à Maria les calcaires néocomiens affleurent à droite et à gauche de la route, les blocs qui sont retirés des champs par les cultivateurs servent à l'entretien du chemin.

Mais c'est surtout dans la chaîne de collines

qui est située à l'Ouest d'Ariany que l'on en rencontre de beaux affleurements. J'ai pu les suivre sur une longueur de près de deux kilomètres.

La coupe ci-jointe montre entre Maria et Son Ollandes, les couches néocomiennes et les nombreux accidents stratigraphiques qui ont affecté cette région.

Fig. 28.

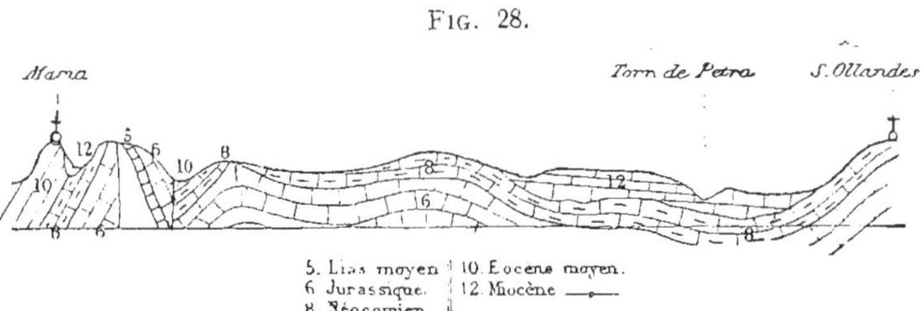

Au Nord de Maria, sur le chemin de Santa Margarita, le néocomien présente aux environs de Son Pujols (1) quelques affleurements de bancs calcaires qui servent à la construction des murs de clôture.

Sur la route de Petra à San Juan on aperçoit fréquemment des calcaires blancs, assez durs, compactes, qui renferment des fossiles très-bien conservés ; on commence à les observer à la ferme de Son Burgas ; à partir de ce point, on les suit presque sans discontinuité jusqu'au village de San Juan.

J'ai recueilli dans ces assises :

---

(1) La carte de M. Bouvy indique le pliocène sur ce point.

Ammonites Léopoldinus, d'Orb.
A. Astierianus, d'Orb.
A. Euthymi, Pictet.
A. Calisto, d'Orb.
A. macrotelus, Opp.
A. lepidus, d'Orb., exemplaire adulte.
Aptychus Mortilleti, Pictet.
Aptychus angulicostatus, Pictet et de Loriol.

La faune de ces couches est un peu différente de celle des autres assises que j'ai déjà étudiées, et paraît accuser un niveau plus inférieur, car plusieurs des espèces citées dans la liste ne se rencontrent en France que dans la partie inférieure du néocomien. Cependant je dois dire que les relations stratigraphiques de ces couches les unissent étroitement à celles dont j'ai parlé plus haut.

Entre San Juan et Sineu à la base du puig d'Onofre on voit les calcaires marneux blancs à *Aptychus;* ils sont encore visibles en marchant de Son Onofre vers le puig qui se trouve dans la plaine à gauche de la route de San Juan à Sineu.

Enfin, avant d'entrer dans la région des collines, j'ai constaté la présence des calcaires blancs néocomiens près de Porreras, sur la route de Luchmayor.

III. Région montagneuse orientale des environs d'Arta.

Sous cette dénomination, je désigne la surface comprise entre le bec de Ferrutx, le cap de Pera,

Santañy et Manacor; cette région considérée par M. Bouvy comme appartenant entièrement au néocomien offre en réalité une composition plus complexe. Je vais indiquer les principaux points où j'ai constaté la présence de cet étage.

La base du puig de Nostra Señora de la Consolacion près de Santañy, est formée par des calcaires marneux blancs qui sont recouverts par les couches à *nummulites perforata*. Ces assises affleurent encore au pied du puig d'Alqueria. J'ai recueilli dans ces environs quelques espèces néocomiennes et une ammonite très-voisine de l'*A. Grazianus*.

Sur le chemin de Felanitx à Santañy on aperçoit de nombreux affleurements néocomiens qui apparaissent à la surface du sol par suite de failles.

La figure ci-jointe montre ces divers accidents, elle fait voir en outre que près de Cas Concos le terrain secondaire servait de rivage à la mer du miocène supérieur.

FIG. 29.

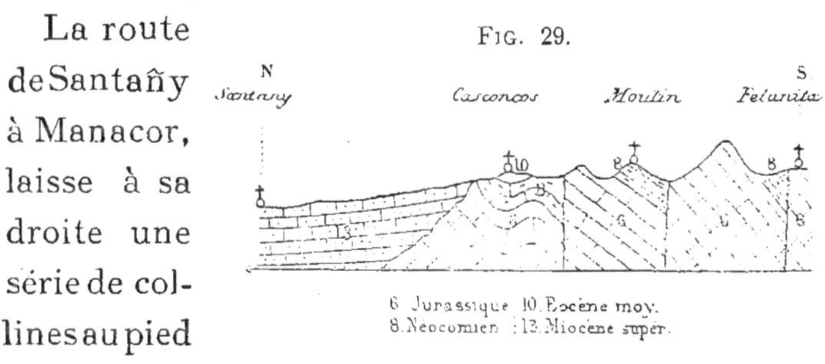

La route de Santañy à Manacor, laisse à sa droite une série de collines au pied desquelles j'ai vu un certain nombre d'affleurements de calcaires marneux à *Aptychus*.

Le chemin qui conduit de Manacor à la Cueva près de la mer, coupe les assises précédentes au-delà du moulin.

Au Nord-Est, sur la route de Manacor à Arta, j'ai constaté la présence du néocomien dans les points que j'indique ci-dessous :

1. Près de Son Nadal (plusieurs affleurements).
2. En sortant de Son Llorenz, près du Moulin.
3. A 1 kilom. environ avant d'arriver au col.
4. A 1 kilom. de l'autre côté du col.
5. A la ferme de Belpuig, où j'ai recueilli quelques Ammonites en mauvais état.

La coupe ci-jointe met en évidence les failles principales qui font apparaître plusieurs fois les mêmes assises néocomiennes, sur la route de Son Llorenz à Arta.

En sortant d'Arta, on voit à 300 mètres, en se dirigeant vers la mer, des calcaires blancs dont on se sert pour bâtir les murs. Ces couches qui appartiennent au néocomien se voient à peu de distance d'Arta, sur la route de Cap de Pera. Dans la direction de ce village, sur le bord de la route, avant d'arriver à la casa del Ausina, on voit des calcaires marneux schistoïdes bleuâtres (certains bancs sont gris noirâtres) qui recouvrent les calcaires marneux blancs.

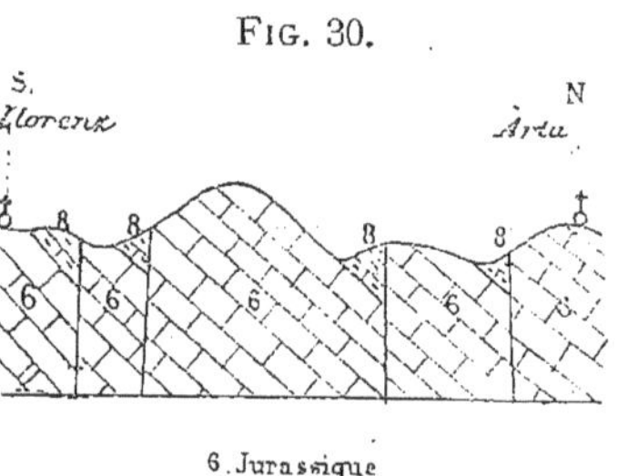

FIG. 30.

En descendant dans la plaine pour se rapprocher de Cap de Pera, on remarque très-vite que les calcaires marneux bleuâtres avec Ammonites paraissent avoir un assez grand développement.

Au-delà du puerto de Cap de Pera affleurent des calcaires blancs très-compactes que je rapporte encore au néocomien.

Enfin, avant d'arriver au phare, on trouve des *Ammonites*, et des *Térébratules* ; ces fossiles très-mal conservés, se rencontrent dans des calcaires marneux qui ne présentent ni bancs schistoïdes, ni bancs argileux.

Fig. 31.

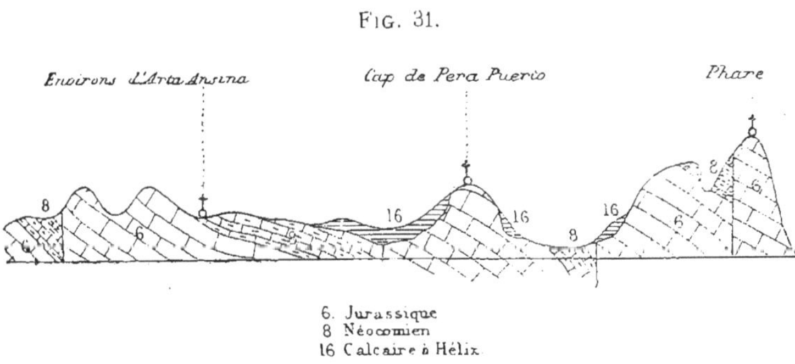

La coupe ci-dessus indique les principaux accidents stratigraphiques dont je viens de parler ; elle montre entre Arta, Ausina et le Phare les relations des terrains jurassiques et des terrains crétacés et indique en outre que les calcaires quaternaires à *Hélix* reposent indifféremment sur le terrain crétacé ou sur le terrain jurassique.

J'ai encore à signaler le néocomien au Nord d'Arta, dans les points suivants:

1. A droite de Son Sureda sur le chemin d'Arta à Alcaria Vella on voit des affleurements de calcaires marneux schistoïdes bleuâtres.

2. De Son Sanchoz à Son Morey et à Alcaria Vella on rencontre des calcaires tantôt blancs tantôt bleuâtres, schistoïdes et irrégulièrement feuilletés qui renferment des ammonites néocomiennes.

3. A la ferme de la Aduaya apparaissent des calcaires néocomiens bleu-pâle.

Si maintenant on se dirige d'Arta vers l'Ouest. on trouve le néocomien sur divers points.

1° Sur la route de Santa Margarita à 400 mètres du village, il est représenté par des calcaires blancs qui plongent vers Arta et qui affleurent le long de la route sur le flanc gauche de la vallée escarpée.

2° A la ferme de Son Bolau entre Son Calletas et Son Forteza à droite de la route, j'ai constaté la présence de calcaires marneux blancs à *Ammonites cryptoceras*, d'Orb.

3° Au col qui sépare la région d'Arta du plateau de Son Serra et Moli Draper etc., on rencontre un beau développement des calcaires blancs néocomiens. Ils me paraissent atteindre 60^{m} de puissance aux environs de Son Morell.

A partir de Canova on cesse de les voir; ils sont recouverts par des couches plus récentes et particulièrement par les calcaires quaternaires à hélix.

Dans toute la région d'Arta, les calcaires néocomiens renferment assez fréquemment des rognons de silex. Ce fait est au contraire rare dans les autres parties de l'île. Je montrerai plus tard que des émissions siliceuses ont eu lieu à d'autres époques dans la région avoisinante.

CABRERA.

Le général de la Marmora croyait que l'île de Cabrera était formée par le terrain tertiaire. Plus tard M. Bouvy y indiqua le néocomien. Mes observations ont confirmé ce fait, puisqu'à Cala Ambotxa, j'ai trouvé dans un calcaire jaunâtre à cassure esquilleuse des Ammonites néocomiennes mal conservées ; au-dessous on rencontre encore des alternances de calcaires marneux et de marnes bleuâtres qui appartiennent au même système.

Le même horizon s'observe à la Fuente de la Olla et à 1 kilomètre à l'Est du Castillo, là il est recouvert par les assises à *Nummulites perforata*.

MINORQUE.

Quoique dans une carte géologique de l'Espagne publiée sans nom d'auteur on ait placé toute la partie nord de Minorque dans le néocomien, l'existence de ce terrain était encore à démontrer. Sans doute cette assimilation erronée a dû être en grande partie occasionnée par la ressemblance, assez vague du reste, qui existe entre certains points de Minorque et de Majorque.

D'ailleurs le terrain néocomien, loin d'occuper une grande surface dans l'île, ne se montre que sur une surface si restreinte, qu'il peut facilement échapper aux recherches.

J'ai calculé en effet que cette surface devait être de 1 kilomètre carré environ; soit la 1/750 partie de la superficie de Minorque.

FIG. 32.

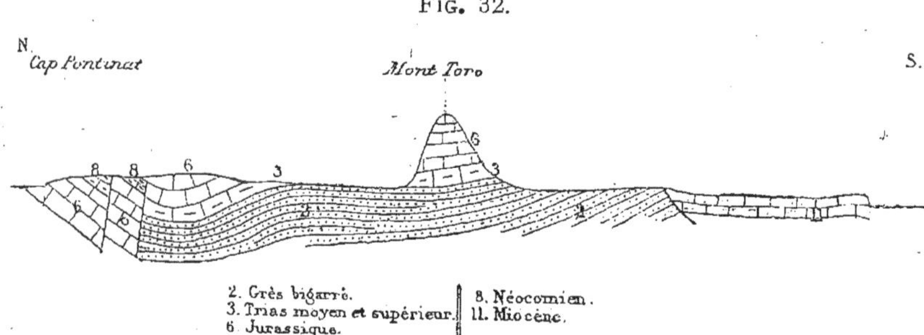

La coupe de mont Toro au cap Pontinat fait voir le peu de surface qu'occupe le néocomien à Minorque. Elle montre en outre, au Sud, le miocène moyen qui vient s'appuyer contre les grès bigarrés qui lui servaient de rivage; au centre ces mêmes grès supportent le trias moyen et supérieur et les calcaires jurassiques.

C'est au Cap Pontinat, près du golfe de Fornells, que j'ai constaté la présence de cet étage.

Il est formé de calcaires marneux, de couleur claire, plus jaunes que ceux de Majorque; il est aussi moins marneux et son épaisseur paraît plus faible.

J'y ai recueilli :

Belemnites pistilliformis, Bl.;

B. sp.;
Ammonites difficilis, d'Orb. ;
A. compressissimus, d'Orb.;
A. sp. nov., grande espèce avec tubercules;
Ancyloceras pulcherrimus, Rœmer;
Toxoceras, sp.;
Pleurotomaria, sp.;
Astarte, sp.;
Arca, nov. sp.;
Pecten Agassizi, Pictet et de Loriol;
Terebratula, sp. ;
Rhynchonella Malbosi, Pictet;
Echinospatagus, sp.

Je dois encore ajouter ce fait important pour la géologie des Baléares qu'à peu de distance du point où j'ai recueilli cette faune, on observe des calcaires marneux avec Ammonites ferrugineuses que je n'ai jamais rencontrées à Majorque.

Je n'ai pu voir les relations stratigraphiques de ces couches avec les autres assises néocomiennes, je pense cependant qu'elles sont inférieures aux strates dont je viens de donner la faune et qu'elles pourraient correspondre aux couches à Ammonites (1) ferrugineuses des Basses-Alpes et de la Drôme.

L'horizon des fossiles ferrugineux m'a fourni :

Ammonites Geronimæ, Hermite;
A. Cardonæ, Hermite;
A. Hamilcar, Coquand;

(1) *Am. Calypso*, *Astierianus*, *Neocomiensis*.

A, sp. nov.;
A. 3 sp.;
Hamulina. sp.;
Toxoceras, sp.;
Gastéropodes indéterminés;
Astarte, sp.

Résumé.

Les couches néocomiennes de Majorque et de Minorque sont fort peu épaisses (30 à 40 mètres), mais en revanche elles renferment une faune très-riche. Je n'ai pas pu y établir de subdivisions stratigraphiques. Cependant, lorsque l'on compare la liste des localités que je viens d'étudier, on remarque des différences dans la distribution des espèces. Ces différences me font penser que les assises qui composent le néocomien des îles Baléares, quoique très-étroitement unies, peuvent néanmoins se subdiviser en deux groupes.

Les assises inférieures sont le moins développées; leur faune est assez pauvre. Les espèces principales sont : *Ammonites Astieranus*, *cryptoceras*, *Calisto*, *difficilis*, *macrotelus*, *Terebratula janitor*, etc. (pages 160, 161, 165, 169, etc.).

Les assises supérieures, qui acquièrent une grande extension, renferment une faune très-riche. Les espèces principales sont : *Ammonites difficilis*, *Rouyanus*, *Mortilleti*, *Crioceras Duvalii*, *Aptychus angulicostatus*, etc. (pages 150, 152, 153, 155, 157, etc.).

Comme je l'ai déjà dit, il m'a été impossible de constater la présence des couches de Berrias. En terminant, je dois dire aussi que je n'ai encore découvert sur aucun point de Majorque des assises crétacées plus récentes que le néocomien.

Historique.

Le néocomien n'avait pas échappé à l'attention de la Marmora qui avait classé une partie des strates de Majorque dans le terrain crétacé inférieur.

Il fut guidé dans ce rapprochement par quelques céphalopodes qu'il avait étudiés avec M. Pareto. Mais il donna une extension beaucoup trop grande à ces assises, et eut le tort d'y réunir les lignites tertiaires.

Dans son esquisse géologique, le terrain crétacé est seulement indiqué dans la cordillère principale.

M. Haime cita le premier quelques espèces néocomiennes qui avaient été recueillies aux environs de Binisalem et de Selva. Ce sont :

Ammonites recticostatus, d'Orb.;
A. subfimbriatus, d'Orb.;
Belemnites dilatatus, Blainv ;
B. bicanaliculatus, Blainv.

Comme on ne peut admettre la présence de l'oxfordien à Binisalem, je crois qu'il faut transporter dans la liste néocomienne les espèces suivantes citées par M. Haime dans l'oxfordien.

1. *Terebratula diphya* que j'ai recueilli dans les assises à *Crioceras Duvalii.*

2. *Aptychus imbricatus.* C'est très-probablement un de ces *Aptychus* si fréquents dans le néocomien (*A. angulicostatus* etc.).

3. *Belemnites hastatus.* Le fossile rapporté avec doute par M. Haime à cette espèce avait été recueilli en mauvais état. J'ai trouvé une *Belemnites* ressemblant en effet à *B. hastatus* mais le gisement de cette nouvelle espèce est incontestablement néocomien.

M. Bouvy donna une description plus étendue du néocomien de Majorque que ne l'avaient fait MM. de la Marmora et Haime.

Je suis obligé d'y relever un certain nombre d'erreurs.

Trompé par les failles des environs d'Estellenchs, il plaça tout le terrain secondaire de cette région dans le néocomien.

La liste des espèces (1) qu'il cite comme appartenant à cet étage n'est pas non plus à l'abri de tout reproche :

Ammonites subfimbriatus;	*Aptychus Didayi;*
A. plicatilis;	*Cyclolites elliptica;*
A. Astierianus;	*Spondylus striatocostatus;*
A. Tethys;	*Ptychoceras Emericianus;*

(1) De très nombreuses fautes d'impression existent dans cette liste au point de rendre presque méconnaissables les noms de certaines espèces. Je n'insisterais pas sur ce fait, si ces erreurs n'avaient pas été reproduites dans la magnifique monographie des Baléares par S. A. l'archiduc Salvator; en outre les noms d'espèces ne sont pas suivis d'un nom d'auteur.

A. Matheroni;
A. clypeiformis;
Belemnites dilatatus;
B. bicanaliculatus;
B. hastatus;
Terebratula diphya;
Orbicula lacirgata;
Scaphites Yvanii;
Toxaster complanatus;
Aptychus Blainvillei;
Terebratules indéterminées.

Plus loin, M. Bouvy, en parlant des espèces communes avec l'Espagne, cite d'après MM. de Verneuil et Collomb, *Ammonites radiatus* et *Belemnites subfusiformis* qui ne se trouvent pas dans la liste reproduite plus haut et qu'il convient dès lors d'y ajouter.

Je ferai remarquer que l'*A. plicatilis*, espèce oxfordienne déjà citée par M. Haime, figure dans cette liste; il y a évidemment une erreur de détermination et probablement une confusion de niveau, car il est à peu près certain, je l'ai déjà dit, que l'espèce citée aura été confondue avec une autre forme voisine de la zône à *Ammonites transitorius*, dont on constate fréquemment les affleurements dans les environs du néocomien à *Ammonites subfimbriatus*, etc., etc.

Je renverrai pour *B. hastatus* aux observations que j'ai faites, lorsque j'ai examiné la liste de M. Haime.

Quant au *Cyclolites elliptica*, il aurait été apporté à M. Bouvy, par un paysan de Binisalem qui l'aurait trouvé roulé dans la campagne; ce fossile est turonien, il ne peut donc figurer dans la liste des espèces néocomiennes. J'ajouterai encore que je ne crois pas à l'existence du terrain turonien à Majorque. Je n'y ai rencontré ni *Cyclolites elliptica*, ni les deux polypiers vus par Haime dans la collection Conrado ; polypiers qui sont cités comme venant des montagnes de Majorque sans aucune indication précise de localités.

TERRAINS TERTIAIRES.

Les terrains tertiaires ne sont représentés qu'en partie aux îles Baléares et malgré des recherches multiples je n'ai pu y découvrir que les divisions suivantes :

1° Une formation lacustre représentant l'éocène inférieur ;

2° L'éocène moyen ;

3° L'éocène supérieur ;

4° Le miocène moyen ;

5° Le miocène supérieur ;

6° Un dépôt lacustre représentant le pliocène.

Il manque donc dans cette région :

1° L'éocène inférieur marin ;

2° Le miocène inférieur ;

3° Le pliocène marin.

La série est beaucoup plus complète à Majorque

qu'à Minorque, puisque dans cette dernière île, il n'existe que le *miocène moyen*, pour représenter toute la série des terrains tertiaires.

ÉOCÈNE INFÉRIEUR.

Comme je l'ai déjà dit plus haut, l'éocène inférieur est représenté par une formation lacustre très-importante, mais il n'existe aucun dépôt marin, contemporain de cette époque.

FORMATION LACUSTRE DE BINISALEM.

MAJORQUE.

Immédiatement au-dessus des assises néocomiennes qui terminent le terrain crétacé, on observe un système de couches lacustres, qui commence la série des terrains tertiaires; ces couches dont la position stratigraphique a été souvent contestée, renferment des bancs de combustibles, qui sont encore exploités à Binisalem.

La localité de Selva qui a fourni de si beaux fossiles à MM. Bouvy, J. Haime, P. Marès, est aujourd'hui perdue, par suite de l'abandon de la mine de lignite.

On peut dire d'une manière générale que cette formation occupe la partie centrale de l'île; néanmoins on en retrouve des témoins isolés aux extrémités Est et Ouest. Je vais commencer son étude par l'examen des principaux gisements, en parcourant d'abord les environs de Binisalem et de Selva où les couches de combustibles qui sont réparties à sa partie inférieure, ont donné lieu, ou donnent encore lieu à des exploitations, aujourd'hui peu importantes. Dans cette région, les affleurements des assises lacustres sont assez rares, car, dans la majorité des cas, elles sont recouvertes par des éboulis ; il n'y a guère que les bancs de calcaires fétides, qui restent visibles; ils deviennent par cela même, le guide des mineurs, dans la recherche des couches à combustibles. Cependant on rencontre quelquefois dans des assises qui appartiennent à d'autres étages, une odeur analogue, mais elle est toujours bien moins accusée. On observe encore souvent ce fait dans les calcaires du terrain lacustre, même quand ils ne renferment pas de lignites, comme à Son Nadal et Sineu, par exemple, etc.

Aux environs de Lloseta, j'ai observé le contact du néocomien et du terrain lacustre. Dans la colline où se trouve la mine de Biniamar on voit à 400 mètres, à gauche de l'entrée de la mine (en lui faisant face), un petit escarpement résultant d'une tranchée faite dans la colline pour l'établissement d'une galerie ; sa partie inférieure montrait des calcaires marneux néocomiens qui supportaient immédiatement une couche de lignites ; c'est là le seul contact direct que j'ai pu observer.

La constatation de ce fait, ainsi que les nombreuses observations que j'ai faites dans la suite montrent, comme on le verra, que M. Haime s'était trompé en plaçant le terrain nummulitique entre le néocomien et la formation lacustre. S'il est difficile de montrer des contacts immédiats, en revanche on peut observer sur un grand nombre de points, des affleurements qui permettent d'établir que cette formation est toujours inférieure aux calcaires nummulitiques et toujours supérieure aux couches néocomiennes. Au puig d'Onofre on peut observer le même fait. Je pourrai encore citer beaucoup d'autres exemples analogues aux précédents.

La région occupée par les lignites s'étend des environs d'Alaro à Campanet, sur une longueur de seize kilomètres. Ces couches s'élèvent à une faible hauteur au-dessus de la plaine ; elles se trouvent généralement à la partie inférieure d'une chaîne de collines formant une sorte de contrefort en avant de la Cordillière principale. On peut facilement observer cette disposition générale aux environs de Selva et de Binisalem, où se trouve indiqué le « carbon de piedra » sur la carte de Coëllo. Malheureusement cette carte rend assez mal les divers accidents de terrain ; il faut se placer sur un point élevé de l'île pour se rendre compte de le disposition générale des petites collines qui sont formées par les terrains tertiaires éocènes. Elles se détachent nettement du pied de la chaîne de montagnes principale qu'elles bordent sans s'en écarter d'une manière notable.

Je vais maintenant passer en revue les principaux points qui ont été ou qui sont exploités dans cette région.

Entre Alaro et Consell, près de Son Palou, on voit une colline escarpée dont la base est formée par des argiles et des calcaires marneux néocomiens. A mi-côte, on observe des calcaires gris, rubannés, fétides, des marnes grises, jaunes et des calcaires concrétionnés, jaunâtres, renfermant:

Melania Duthiersi, Hermite ;
Bulimus Alarœnsis, Hermite ;
Phyllites, sp.

Et quelques empreintes végétales appartenant à des fougères.

Le sommet de la colline est formé par des calcaires compactes gris et non fétides qui plongent au Sud sous un angle de 50° environ.

En se dirigeant de ce point vers la gare d'Alaro, j'ai vu sur le flanc opposé de la petite vallée, des commencements de travaux de recherches exécutés dans les calcaires fétides et dans les marnes grises, qui se présentent sur une épaisseur visible d'une quinzaine de mètres. (Depuis mon passage on y a trouvé les lignites). Au-dessus on trouve environ 10ᵐ de calcaires gris compactes n'exhalant aucune odeur sous le choc du marteau.

Toutes ces assises paraissent pauvres en fossiles.

FIG. 33.

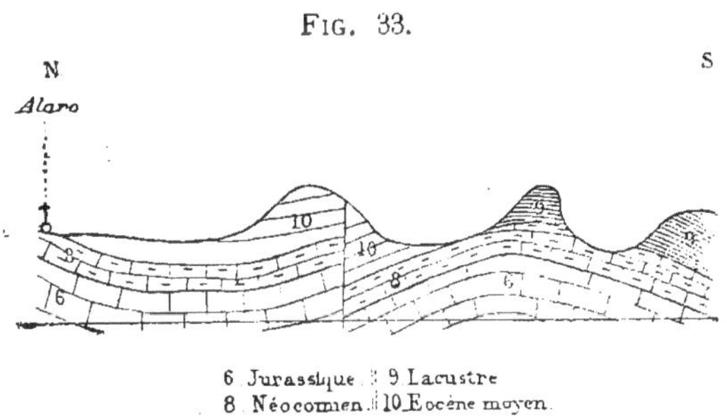

6 Jurassique. 9 Lacustre
8 Néocomien. 10 Eocène moyen.

La coupe ci-jointe montre que l'on rencontre à fort peu de distance au Sud de cette localité, des calcaires nummulitiques qui reposent directement sur le néocomien; l'étude de ce point particulier qui sera du reste confirmée par d'autres observations, démontre que les couches lacustres étaient déjà en parties émergées avant le dépôt du nummulitique.

On peut encore tout près de cet endroit, constater un fait analogue en se dirigeant à l'Ouest de l'escarpement qui est figuré sur la coupe et qui est formé par les assises lacustres de l'éocène inférieur. En effet, on voit là que les conglomérats nummulitiques reposent sur les calcaires marneux du néocomien. On peut donc admettre que les eaux de ce grand lac éocène ne s'étendaient pas au nord d'Alaro et qu'elles ne recouvraient certainement pas la région montagneuse qui forme aujourd'hui la Sierra principale ; région dont le relief se trouvait déjà esquissé.

Je ferai voir encore que dans plusieurs localités les eaux de la mer nummulitique ont profondément raviné les dépôts lacustres. Ce sont ces faits importants qui m'ont conduit à rattacher le système des lignites de Majorque à l'éocène inférieur.

Si l'on parcourt ensuite les environs de Binisalem, on voit au Nord de cette localité, de nombreux vestiges d'anciennes exploitations de lignites, dans la chaîne de collines qui s'étend vers Lloseta.

Près la torre de Horrach, la coupe suivante qui est visible dans la colline, donne de bas en haut :

1. Calcaire marbre à *A. transitorius* Opp. ;

2. Calcaire marneux à *Crioceras Duvalii* Leveillé, 15 mètres environ ;

3. Bancs de calcaires fétides, terminés par une couche de 2 mètres d'épaisseur, de marnes jaunes friables ; 15 mètres ; c'est dans la partie inférieure de cette assise qu'est située l'ancienne entrée de la mine ;

4. Calcaire compacte gris, 25 mètres.

Par suite des éboulis qui empêchent de voir exactement les contacts, ces épaisseurs ne sont qu'approximatives. Des faits analogues à ceux que je viens de citer, se présentent près de l'ancienne mine de Belleuver. Ici il existe une petite faille qui place la même couche à un niveau différent ; c'est ainsi que l'on retrouve les lignites près de la casa de Belleuver à une altitude plus élevée qu'à l'entrée de la mine. On constate près de cette maison que les calcaires qui correspondent à la partie supérieure de la coupe précédente sont recouverts par les couches à *nummulites*.

FIG. 34.

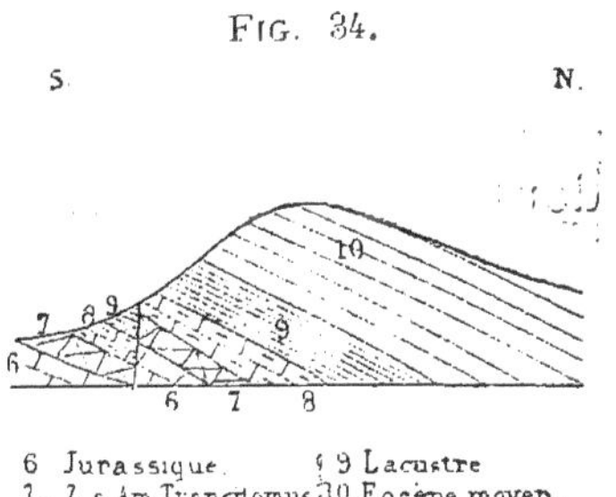

Les combustibles retirés de cette ancienne exploitation et des autres mines environnantes sont connus sous le nom de lignites de Binisalem et de Selva ; cette dernière localité n'est distante de la première que de quelques kilomètres ; on y trouve :

Crocodilus (écailles et coprolites) ;
Bulimus Bouvyi, Haime ;
Helix carbonaria, Herm. ;
Helix nov. sp. ;
Helix sp. ;
Planorbis Maresi, Herm. ;
Planorbis, sp. ;
Clausilia Beaumonti, Haime ;
Melania Duthiersi, Herm. ;
Neritina Munieri, Herm. ;
Valvata Landereri, Herm. ;
Melanopsis pyrgulæformis. Herm. ;
M. Majoricensis, Herm. ;

Lymnea, sp. ;
Nerium Balearicum, Herm. ;
Chara, sp

La coupe 34 met en relief les faits que je viens d'indiquer et montre en outre que la colline se trouve formée en grande partie par les conglomérats nummulitiques.

On observe encore la même superposition dans le voisinage de la mine de Can Pe Antoni, près Son Giroñy, sur le chemin de la mine de la Fortuna, mais les éboulis empêchent de donner une coupe détaillée.

La mine de la Fortuna, aujourd'hui exploitée, présente des couches qui plongent légèrement vers la montagne. Les galeries traversent des alternances de calcaires fétides et de lignites ; j'ai observé au milieu de ces couches un lit d'argile plastique blanche de 0^{m}, 50 d'épaisseur.

La colline dans laquelle est ouverte cette exploitation montre à sa partie supérieure un escarpement formé de calcaires compactes sans fossiles, ayant une quarantaine de mètres d'épaisseur.

Le coteau sur lequel est bâti Lloseta laisse apercevoir entre des conglomérats que je rapporte au terrain nummulitique et les couches néocomiennes à *Ammonites difficilis*, des marnes grisâtres sans fossiles, qui appartiennent probablement à l'étage lacustre.

Je rapporterai au même horizon, quoique je n'ai

pas de preuve paléontologique, les marnes d'Inca, et les marnes à helix de la plaine de Binisalem. J'ai pu m'assurer par la profondeur des puits que j'ai étudiés à Inca (1), que ces marnes qui sont dépourvues de fossiles, atteignent une épaisseur d'au moins 25^{m} ; vers le Nord, elles sont recouvertes par des conglomérats nummulitiques et vers le Sud par le quaternaire à galets, ainsi que l'indique la coupe ci-jointe.

FIG. 35.

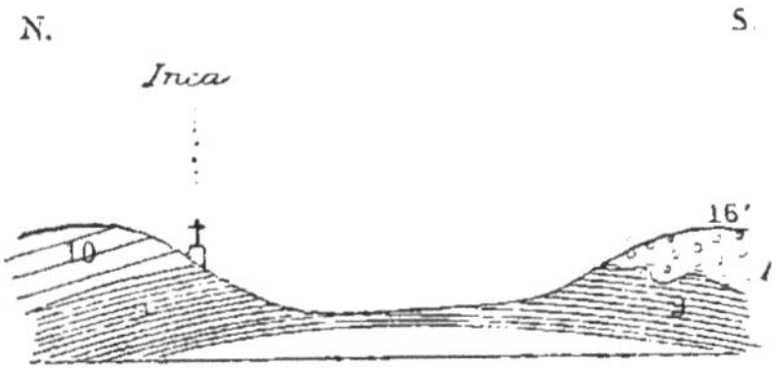

9 Lacustre.
10 Eocène moyen.
16' Quaternaire à Galets

Les marnes à helix de la plaine de Binisalem sont visibles entre le chemin de fer et la colline ; elles paraissent également assez épaisses et renferment des débris de fossiles terrestres et lacustres qui permettent d'affirmer que ce dépôt n'est pas marin.

Les couches de la mine de Biniamar au Nord de Lloseta plongent sous la montagne, les galeries d'extraction traversent une épaisseur de 12^{m} de calcaires et de lignites. C'est la seule mine exploitée aujourd'hui à Majorque, avec celle de Can Giroñy (la Fortuna). J'ai recueilli en ce point :

Melania Duthiersi, Herm. ;
Neritina Munieri, Herm. ;

---

(1) Au coin de la rue de Gometas et près de la chapelle de Santo Domingo.

— *Chara*, sp.

Le terrain lacustre est surtout bien développé aux environs de la localité célèbre de Selva. Les couches de lignites qui ont donné lieu autrefois à des travaux aujourd'hui abandonnés, ont fourni une faune très remarquable. MM. Bouvy, Jules Haime et Marès, y ont trouvé de nombreux mollusques terrestres et fluviatiles, qu'il serait aujourd'hui impossible d'y retrouver sans faire de nouvelles fouilles.

La colline qui s'étend de Selva à l'usine de Bonasse montre, sur un certain nombre de points la formation lacustre et malgré de nombreuses petites oscillations locales, l'ensemble des couches reste horizontal, on constate facilement dans cette localité que les couches de lignites reposent sur le néocomien. Ces faits sont surtout faciles à voir le long du chemin de Selva à Bonasse où l'on rencontre à différents niveaux l'entrée des anciennes mines.

Près de l'usine de Bonasse, j'ai relevé immédiatement au-dessus de l'entrée de l'ancienne exploitation la coupe suivante. On trouve de bas en haut :

1. Calcaire lacustre, blanc fétide, 1^{m} 50.

2. Calcaire avec empreintes de *Valvata Landereri,* etc. 1^{m} 50.

3. Lit de marnes avec galets calcaires généralement de petite dimension 0^{m} 20.

4. Calcaire à teinte sombre, fétide 4m 50.

Plus loin, à 30 mètres environ, on observe un calcaire blanc à texture uniforme, assez tendre, peu fétide, présentant des empreintes de fossiles.

Dans la vallée de Mancor, on a exploité autrefois les lignites à Esmiray. Au sommet de la colline qui part de ce point en se dirigeant vers Selva, on observe des calcaires et des conglomérats que je rapporte au terrain nummulitique.

En face de la mine d'Esmiray, de l'autre côté de la vallée, on voit une colline assez élevée (environ 100 mètres) dont la partie supérieure forme un escarpement. Elle montre à sa base :

A. Calcaire marneux à *Aptychus angulicostatus* très-peu fossilifère.

B. Calcaire gris fétide avec empreintes de fossiles lacustres.

C. Calcaire gris bleuâtre compacte représentant évidemment les calcaires supérieurs de l'escarpement de la mine de la Fortuna.

Les couches plongent assez fortement vers la vallée; elles suivent la pente générale de la colline, ainsi que l'indique la coupe ci-jointe qui fournit encore un de ces exemples si fréquents du ravinement qui est survenu après le dépôt des couches lacustres.

Fig 36.

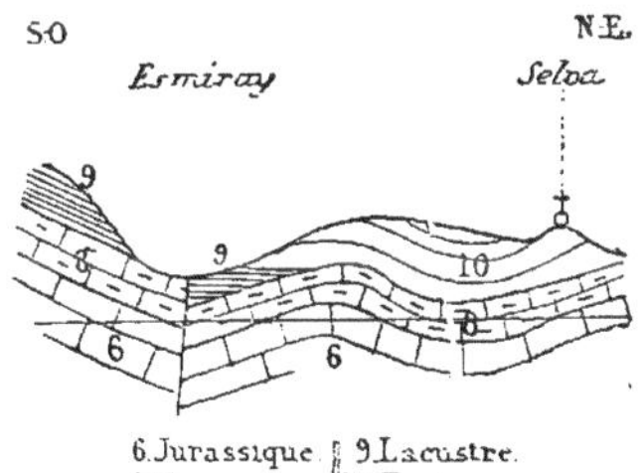

A l'Est de Caymari on a autrefois exploité les lignites près de la ferme de Binixiri. Je n'ai pas vu affleurer les couches de charbon, j'ai seulement pu constater qu'au-dessus des calcaires marneux néocomiens, il existait des calcaires fétides ayant 7 ou 8 mètres d'épaisseur. Ils sont recouverts par les conglomérats nummulitiques.

FIG. 37.

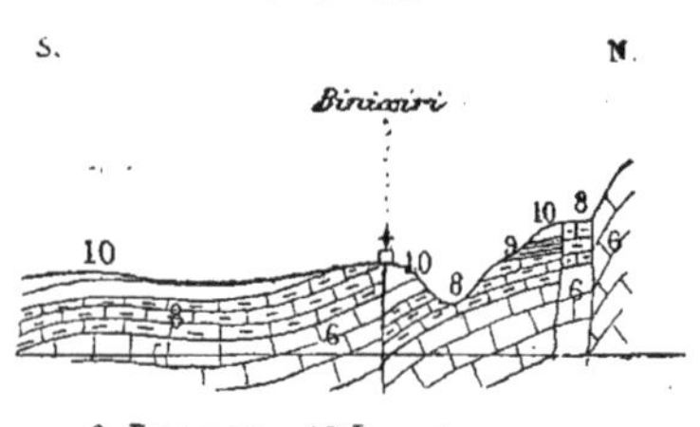

6. Jurassique. | 9. Lacustre.
8. Néocomien. | 10. Eocène moyen.

La coupe de Binixiri vient encore à l'appui de la coupe précédente et démontre les mêmes faits.

Binixiri est situé à l'extrémité orientale des affleurements de la couche charbonneuse du lac éocène de Majorque.

Avant mes explorations la formation lacustre n'était connue que sur les points où elle renferme du charbon, c'est-à-dire, sur une longueur de 16 kilomètres, distance qui sépare Binixiri des environs d'Alaro. Il est cependant facile de démontrer qu'elle joue dans la constitution géologique de Majorque un rôle beaucoup plus important qu'on ne l'avait pensé d'abord. Je vais suivre en effet ce dépôt dans le centre de l'île, et je montrerai qu'il a une extension considérable.

Aux environs de Sineu, près de la gare, le chemin de fer dans la direction de Petra, coupe dans une tranchée de 500^{m} de longueur environ des marnes grises avec bancs de calcaires sableux gris et jaunes appartenant à l'éocène inférieur, l'épaisseur de ce dépôt est d'environ 15 mètres. Il supporte de chaque côté du petit col coupé par la voie ferrée, des calcaires fétides renfermant beaucoup d'empreintes de gastéropodes lacustres:

Paludestrina Hidalgoï Herm.
Valvata Landereri Herm.

Ces couches lacustres composées de marnes grises à leur partie inférieure et de calcaires fétides à leur partie supérieure peuvent s'observer aux environs de Sineu sur un grand nombre de points.

Les calcaires qui forment les collines au Sud de Sineu appartiennent à la partie supérieure de cette formation, ils sont blancs, grisâtres, compactes et fétides, ils renferment parfois des rognons de silex blonds et noirâtres. J'attribue à ces calcaires une épaisseur de 30 mètres environ.

De la plaine qui s'étend entre San Juan et Sineu, on voit très-bien en regardant vers le Nord ces collines, dont les escarpements forment un rempart bien accusé.

Quant à la plaine elle est généralement constituée par les marnes ; on les voit très-bien entre Sineu et le puig d'Onofre et à la base même de ce puig.

Les monticules qui ont été détachés du plateau situé au Sud de Sineu par la dénudation, donnent des coupes qui permettent de bien étudier la partie inférieure des dépôts lacustres. Un de ces monticules situé près la route de San Juan présente de bas en haut :

1. Marnes grises avec alternances de petits bancs calcaires plus ou moins gréseux, gris-jaune; au milieu de ces assises, j'ai constaté la présence d'un banc de grès vert avec paillettes de mica que l'on retrouve quelquefois à l'état de galet dans les couches miocènes. Cette roche, qui est bien facile à reconnaître, ressemble cependant beaucoup à certains grès du dévonien de Minorque, 35m.

2. Calcaire blanc fétide formant le sommet du monticule, 10m.

La formation lacustre atteint donc là une puissance assez considérable puisque les marnes et les calcaires dont je viens de parler doivent avoir au moins une épaisseur de 70 mètres.

Dans cette partie de l'île, l'éocène inférieur a été également raviné avant le dépôt du terrain nummulitique.

Fig. 38.

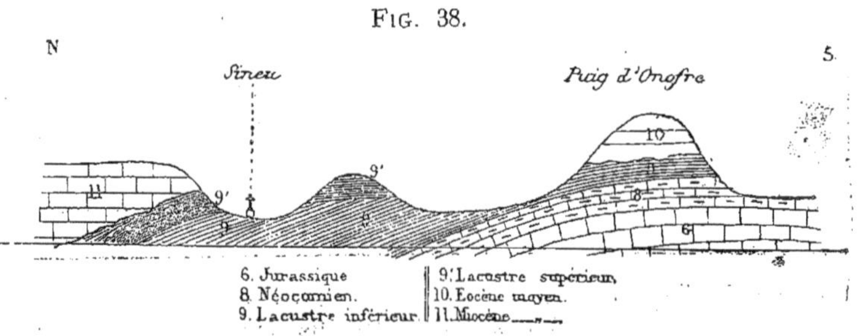

La coupe du puig d'Onofre à Sineu, qui met ce

fait en évidence, montre la succession suivante dans la première de ces localités.

8. Calcaires marneux compactes blancs néocomiens.

9. Marnes grises lacustres (éoc. inf.) (1).

10. Calcaire nummulitique.

Après avoir relevé cette coupe, si l'on se dirige vers Sineu on ne tardera pas à constater qu'il existe sur ce point des modifications assez importantes dans la composition des terrains tertiaires, en effet, on observe la disposition suivante :

9. Marnes grises (éoc. infér.).

9'. Calcaire lacustre.

11. Miocène moyen.

On voit bien vite en comparant les deux points que je viens d'analyser qu'au puig d'Onofre la partie supérieure (9') du système lacustre a été complétement enlevée avant le dépôt des calcaires à nummulites, tandis qu'à Sineu elle est assez bien représentée, mais au Nord de cette dernière localité les calcaires nummulitiques n'existent pas : ce sont les couches du miocène moyen qui viennent s'adosser en discordance de stratification contre la partie supérieure des couches lacustres.

Devant la gare de Sineu un petit affleurement montre dans un fossé les marnes grises de l'éo-

---

(1) Entre les marnes grises et les calcaires nummulitiques, une partie de la coupe est cachée par les éboulis, mais cette partie non visible ne doit pas être occupée par les calcaires lacustres supérieurs qui sont si faciles à reconnaître, car on n'en voit pas de fragments dans les éboulis.

cène inférieur, qui plongent au Nord et qui donnent la succession suivante, de bas en haut :

1. Marnes grises 15m.
2. Calcaires grisâtres 0m 60.
3. Conglomérats 0m 50.
4. Marnes grises 1m.
5. Conglomérats 3m.
6. Marnes grises 3m.

En face de la gare, à 100m de là, on voit encore les calcaires fétides. A peu de distance en allant vers Costix, on constate que les calcaires grumeleux miocènes affleurent, ils doivent, d'après mes observations, reposer directement sur la partie supérieure des couches lacustres, il n'y a pas de place pour intercaler entre ces deux formations, les calcaires nummulitiques.

Je ne puis expliquer l'absence du nummulitique par un simple ravinement opéré par les eaux de la mer miocène; la résistance des bancs calcaires et leur puissance semblent devoir s'y opposer.

On pourrait il est vrai, donner comme objection qu'il existe en ce point particulier une faille, mais comme je le démontrerai plus loin, la superposition du miocène moyen sur l'éocène inférieur est incontestable dans plusieurs localités (1). Il me paraît donc de toute évidence que les dépôts lacustres étaient émergés sur certains points lors du dépôt des calcaires nummulitiques. Ce fait

(1) Voyez coupes 39 et 40, etc.

avec ceux que j'ai déjà signalés plus loin, concourt à démontrer la complète indépendance stratigraphique de ces deux formations.

La surface où les calcaires nummulitiques ne se sont pas déposés, a la forme d'un îlot allongé dans la direction Nord-Est, Sud-Ouest et limité par les villages de Muro, Santa-Margarita, Sineu et Pina.

L'étude des environs de Muro et de Santa-Margarita montre encore qu'il existe sur ce point un beau développement du système lacustre. Le faciès de ce terrain avait empêché M. Bouvy de le reconnaître ; en effet, sur sa carte géologique, il est indiqué comme appartenant au miocène et au pliocène.

J'indiquerai d'abord entre la chaîne de montagnes principale et Muro, sur la route d'Inca à Alcudia près de Son Mas, la présence des couches lacustres qui donnent de haut en bas la coupe suivante:

1. Marnes jaunes 4^{m}.
2. Calcaire fétide, brun, rubanné, identique aux calcaires lacustres 1^{m}.
3. Marnes jaunes 3^{m}.

Dans le ravin à l'Est de Muro, on voit au-dessous des calcaires blancs qui correspondent aux assises à Clypéastres, des marnes blanches et jaunes que je rapporte au système lacustre.

J'ai ramassé près de cet affleurement un fragment de calcaire bleuâtre avec Planorbe. Je n'ai pu trouver en place la couche à laquelle il appartenait, mais je crois qu'il provient probablement des couches inférieures traversées par un puits. Ces mêmes marnes se voient au-dessous des moulins à vent de Muro sur une épaisseur d'une dizaine de mètres.

Sur le chemin de Son Perreras, en face le puig de Morro, une colline donne de bas en haut :

1. Grès blanc-jaunâtre à éléments peu distincts.
2. Marnes lacustres jaune blanchâtre avec bandes peu épaisses de grès noir parfois bleuâtre, très-compacte, à pâte homogène, à éléments peu distincts ; ils renferment beaucoup de paillettes de mica 20^{m}. (Ces deux numéros appartiennent à l'éocène inférieur).
3. Calcaire miocène formant un escarpement 6^{m}.

A un kilomètre de Muro, dans la vallée au lieu dit Spinera, j'ai trouvé un petit lit de lignite dans un puits creusé pour la nouvelle fontaine, au milieu des marnes blanches correspondant au n° 2 de la coupe précédente.

Les marnes inférieures au calcaire de Muro sont bien développées dans la plaine entre Son Perreras, Son Lleitx, Son Alba, Can Ferra et la chaîne de collines dont fait partie le puig de Morro.

A l'entrée du village de Santa Margarita, en venant de Muro, le chemin coupe le système lacustre sur une longueur de 200 mètres environ ; les couches plongent au Sud de 20°.

On y observe la succession suivante, de bas en haut :

1. Marnes calcaires blanchâtres 10^{m}.

2. Calcaire compacte blanchâtre $0^{m},20$. (Ces deux couches appartiennent au néocomien).

3. Marnes jaunes $0^{m},70$.

4. Marnes noirâtres ligniteuses $0^{m},30$.

5. Calcaires grisâtres avec accidents siliceux 2^{m}.

6. Marnes blanches et calcaires marneux 6^{m}.

7. Argile ligniteuse $0^{m},05$.

8. Marnes jaunâtres $1^{m},50$.

9. Petits bancs ligniteux $0^{m},15$.

10. Marnes blanches 4^{m}.

11. Marnes noirâtres avec débris de fossiles lacustres et calcaires travertins marneux avec helix rappelant celle des marnes de la plaine de Binisalem et planorbes indéterminables (1).

12. Calcaire grisâtre fétide se divisant en plaquettes et renfermant des débris de fossiles lacustres (tiges de *Chara*, petits *Planorbis*).

13. Lit de silex noirs.

Au-dessus viennent des assises remaniées de marnes et de galets.

En sortant de Santa Margarita du côté de l'Est, on voit au-dessous du moulin, de haut en bas :

1. Calcaire en plaquettes.

2. Marnes noirâtres ligniteuses.

J'ai constaté dans les matériaux retirés d'un puits qu'à la partie supérieure de ces couches, il existait encore des marnes bleuâtres.

---

(1) Les couches 11, 12, 13 n'ont que quelques mètres de puissance, il m'a été impossible de relever leur épaisseur exacte.

Les couches sont ici à peu près horizontales.

Une colline située au Sud-Est de Santa Margarita indique que les couches plongent au Sud ; on y voit de bas en haut :

1. Marnes brunâtres à leur base, jaunâtres à leur partie supérieure. Elles sont pétries de *Paludestrina Hidalgoï* Herm. et présentent un grand nombre d'empreintes de racines perpendiculaires à leurs strates 2m.

2. Marnes blanches, jaunâtres, sans fossiles 25m.

3. Calcaire siliceux ressemblant beaucoup à la partie inférieure des calcaires de Muro, et renfermant de gros blocs de silex.

A quatre cents pas du pied de la colline un puits creusé dans la plaine donne de haut en bas la coupe suivante :

1. Marnes blanches avec débris de fossiles lacustres 4m.

2. Argiles ligniteuses avec débris de fossiles d'eau douce 2m.

Dans la colline située au Nord de ce point, on trouve également des marnes grisâtres ; elles sont accompagnées de conglomérats.

La coupe ci-jointe, de Muro à Santa Margarita, résume les faits dont j'ai donné le détail plus haut, elle indique aussi que dans cette région le miocène moyen repose directement sur l'éocène inférieur.

FIG. 39.

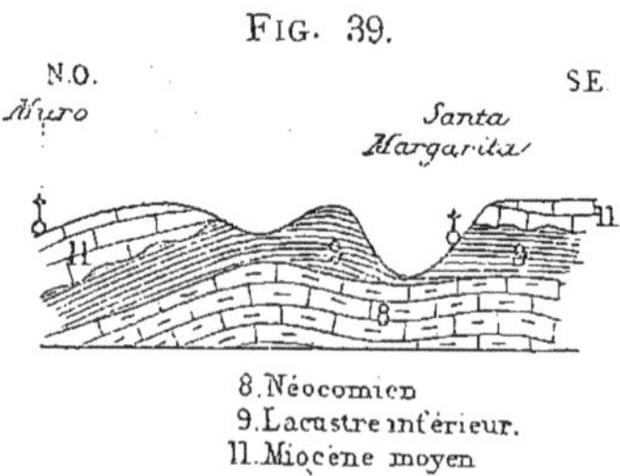

En sortant de Santa Margarita par la route de

Sineu, on voit des calcaires identiques à ceux de cette dernière localité ; ils présentent les mêmes gastéropodes lacustres, des accidents siliceux et sont également recouverts par les calcaires miocènes.

Sur le chemin de Muro à Santa Margarita, on voit à Escollet un affleurement dans des marnes bleuâtres fétides qui correspondent aux lignites.

Sur le chemin de Muro à Sineu, près de Son Terrassa, un puits m'a montré à sa partie supérieure des marnes jaunes et plus bas des marnes ligniteuses avec *Planorbis* du groupe du *P. corneus*, etc. Les couches à *Paludestrina Hidalgoï* Herm., ainsi que les couches à helix existent aussi sur ce point.

Le sommet de la colline qui est voisine de ce puits, est formé par des calcaires rubannés, blanchâtres ou brunâtres, à odeur fétide, qui atteignent environ quinze mètres d'épaisseur.

Près de Son Perrot (le chemin laisse cette ferme à droite) la colline laisse apercevoir des calcaires fétides qui plongent au Sud-Ouest.

Le long du chemin de Sineu près de Son Vanrell on rencontre des affleurements de calcaires blancs fétides dont les couches plongent au Sud-Ouest. J'attribue aux calcaires lacustres supérieurs de cette région quarante mètres d'épaisseur ; ils renferment fréquemment des rognons de silex noirâtres ou rosés.

Fig. 40.

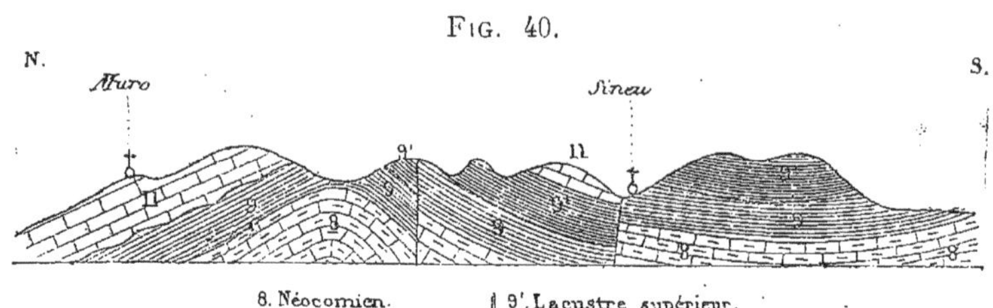

8. Néocomien. | 9'. Lacustre supérieur.
9. Lacustre inférieur | 11. Miocène moyen.

La coupe ci-dessus, de Muro à Sineu, résume les relations stratigraphiques qui existent entre le néocomien, l'éocène inférieur et le miocène moyen. A Son Servera entre Pina et Llorito on voit au-dessous des couches miocènes, des calcaires avec empreintes de *Paludestrina Hidalgoï*, Herm., puis des marnes blanches.

Entre Manacor et Son Llorenz on rencontre sur le sommet de la petite colline de Son Nadal des calcaires gris fétides à pâte fine, avec parties moins homogènes, renfermant de nombreuses cavités dues à des empreintes de *Cypris*, *Planorbis*, *Lymnea*, *Paludestrina Hidalgoï* et *Valvata Landereri*, Herm. Certains bancs sont formés de calcaires siliceux zonés gris noirâtres avec taches de quartz opale bleuâtre sur certains points.

Fig. 41.

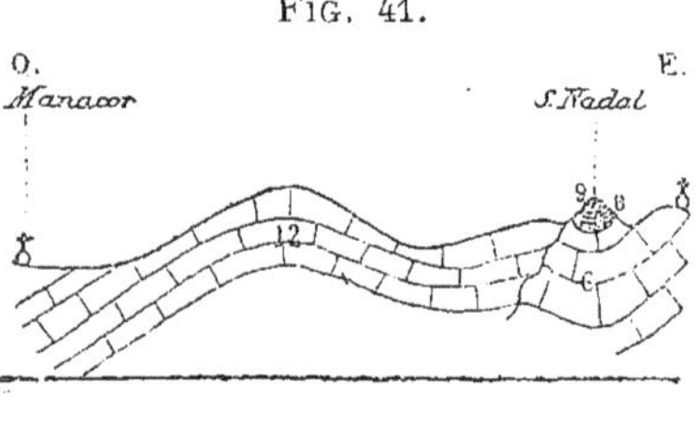

6. Jurassique. | 9. Lacustre.
8. Néocomien. | 11. Miocène moyen.

Ces calcaires présentent de petites tubulures et passent à des travertins.

Au-dessous de ces couches on constate encore l'existence de marnes qui atteignent au moins 8 m d'épaisseur. La route qui passe au pied de cette colline coupe aussi la formation lacustre.

Au Nord de Son Nadal on voit que les terrains secondaires servaient de rivage à la mer miocène. A l'extrémité Ouest de l'île à peu de distance de la mer, entre Sa Raco et Can Toni Llaro, le chemin met à jour sur deux mètres de hauteur un affleurement de calcaires sombres à l'intérieur, blancs à la surface. On y trouve des fossiles lacustres assez mal conservés ; ces couches sont comprises entre les calcaires marneux néocomiens, et les poudingues nummulitiques.

Résumé.

On voit par ce qui précède, que c'est dans le centre de Majorque que les dépôts lacustres sont le mieux développés et que leur puissance dans cette partie de l'île est considérable puisqu'ils atteignent environ soixante-dix mètres. Cette formation qui présente d'une manière générale, à sa base des marnes, et à sa partie supérieure des calcaires, repose toujours sur le néocomien. Elle est recouverte soit par le nummulitique, soit par le miocène moyen. Cette disposition a été produite comme on l'a vu précédemment tantôt par un ravinement, tantôt par un exhaussement.

La faune de ces couches, renferme des espèces lacustres et terrestres qui jusqu'à présent n'ont été trouvées dans aucune autre région de l'Europe ; le nombre des espèces n'est pas considérable comme on l'a vu par les listes précédentes.

Avant de terminer ce court résumé je dois dire qu'il est probable que de nouvelles recherches amèneront le découverte de localités qui relieront le gisement situé à l'Ouest d'Andraitx avec les autres points déjà connus.

Quoi qu'il en soit, l'étude des affleurements observés permet d'affirmer qu'un lac d'une grande étendue a existé autrefois à Majorque ; son diamètre maximum, connu étant de 80 kilomètres.

Je n'ai constaté la présence de cette formation lacustre ni dans l'île de Cabrera, ni dans celle de Minorque.

Historique.

La Marmora est le premier auteur qui ait parlé des lignites de Binisalem avec coquilles lacustres.

Il pensait que ces couches faisaient partie des calcaires à ammonites du terrain crétacé inférieur. M. Bouvy adopta plus tard l'opinion de la Marmora en interstratifiant les couches lacustres dans les assises néocomiennes.

En 1855, dans sa notice sur Majorque, Jules Haime émit une opinion bien différente sur l'âge de ce terrain car il le plaça au-dessus des calcaires nummulitiques. Voici du reste ce qu'il dit à ce sujet :

« Au-dessus des couches à nummulites, et en

« contact avec elles, on observe à Binisalem et à « Selva un dépôt lacustre formé de calcaires bitu- « mineux compactes, plus ou moins fétides, et de « calcaires marneux gris qui contiennent des lits « de combustibles. Ce combustible a été signalé, « pour la première fois, par M. de la Marmora « comme intercalé dans les assises néocomiennes, « et M. Bouvy, qui l'a étudié avec soin, au point « de vue de ses propriétés industrielles et de son « exploitation, l'a placé dans sa cinquième divi- « sion du terrain secondaire. C'est un lignite bril- « lant et de bonne qualité qui peut être employé « à peu près aux mêmes usages que la houille. « Les fossiles que j'ai reconnus dans les couches à « combustibles de Majorque, me paraissent ap- « partenir à l'époque des gypses de Provence, et « conduisent par conséquent à une opinion bien « différente de celles qu'ont professé les auteurs « que je viens de citer. Ce sont *Melania Lauræ*, « *Planorbis obtusus*, *Lymnea pyramidalis*, et deux « espèces nouvelles que j'appellerai *Clausilia* « *Beaumonti* et *Bulimus* vel *Achatina Bouvyi*. « Mais je dois avouer qu'il me reste quelques « doutes sur les premières de ces déterminations, « car on sait combien il est difficile de distinguer « entre elles les diverses espèces des genres Lym- « nées et Planorbes. Quoi qu'il en soit, le lignite « est bien supérieur aux couches à nummulites, « comme le savent très-bien les mineurs eux-

« mêmes. M. Bouvy possède une tortue découverte dans ce lignite, et dont l'étude fournirait « sans doute un renseignement précieux pour établir l'horizon de ce dépôt d'eau douce. Elle m'a « paru appartenir à la petite famille des *Paludinosa*, de M. Duméril et de Bibron. Les calcaires « bitumineux des environs de Selva présentent « de nombreuses empreintes végétales, mais dans « un état de conservation toujours très-imparfait, « et M. Adolphe Brongniart n'a pas pu déterminer les échantillons que je lui ai montrés. »

Je donne aussi ci-dessous la liste complète des espèces citées par M. Haime dans les lignites de Selva et de Binisalem :

Tortue.
Bulimus vel *Achatina Bouvyi*, Haime.
Helix indét.
Clausilia Beaumonti, Haime.
Planorbis obtusus, Sow.
Melania Lauræ, Math.
Lymnea pyramidalis? Sow.
Végétaux indét.

On remarque dans cette liste la présence du *Planorbis obtusus* Sow., et de la *Melania Lauræ* Math. Les Mollusques rapportés à ces deux espèces sont différents et constituent des espèces nouvelles que j'ai désignées sous le nom de *Planorbis Maresi* Herm. et de *Melania Duthiersi* Herm. Il en sera très probablement de même de la *Lymnea pyramidalis* Sow. ; malheureusement, mes échantillons ne me permettent pas d'être trop affirmatif à cet égard.

Deux ans plus tard, M. Bouvy, dans une note insérée dans le Bulletin de la Société géologique, admit la succession suivante, de bas en haut :

1. Calcaires à *Ammonites subfimbriatus.*
2. Couches lacustres.
3. Calcaires nummulitiques.
4. Calcaires à *Ammonites, Scaphites, Belemnites* ressemblant au n° 1.
5. Calcaires nummulitiques.

M. Bouvy, trompé par les failles qui sont si fréquentes à Majorque, vit cependant clairement la superposition du terrain lacustre sur le néocomien, et combattit l'opinion de M. Haime qui intercalait les couches nummulitiques entre ces deux terrains.

En 1865, M. le Dr Paul Marès, dans une note intitulée : Aperçu général sur le groupe des îles Baléares et sur leur végétation, pensa que la craie blanche supérieure pouvait exister à Majorque, « car il existe, dit-il, du côté de Binisalem, à la « base du terrain nummulitique, un bassin de « lignites assez important, dont on n'a pas encore « déterminé d'une manière satisfaisante la position « exacte. Il est bien possible qu'on retrouve là un « équivalent des lignites du bassin de Fuveau « (Bouches-du-Rhône) qui, d'après les récents « travaux de M. Matheron, représenteraient en

« Provence la partie supérieure du terrain cré-« tacé. »

L'étude de la faune n'a pas confirmé cette assimilation que M. Marès présentait d'ailleurs avec beaucoup de réserve, mais il est bon de constater que cet auteur a vu la véritable position du système lacustre par rapport au terrain nummulitique.

En 1867, dans un travail plus complet sur Majorque, M. Bouvy donna dans un tableau la succession très-détaillée des couches éocènes.

Dans ce tableau, les différentes assises sont accompagnées du nom des principales espèces de mollusques qu'elles renferment.

Malheureusement M. Bouvy omit de signaler les points où il releva cette succession (1), qui me paraît inexacte, et qui du reste est impossible à vérifier.

L'ensemble de la superposition est exacte, c'est-à-dire que la formation lacustre est placée dans sa situation véritable par rapport au terrain nummulitique, mais j'incline à croire que sur quelques-uns des points de sa coupe, M. Bouvy a été induit encore en erreur par une faille. C'est ainsi que je m'explique la prétendue présence de bancs calcaires argileux (n° 8) avec *Planorbis obtusus*, au milieu des calcaires nummulitiques.

---

(1) Bouvy, *Ensayo de una descripcion geologica*, etc.

ÉOCÈNE MOYEN.

Immédiatement au-dessus des couches lacustres que j'ai rapportées à l'éocène inférieur, apparaissent en discordance de stratification, des calcaires nummulitiques que leur faune identifie aux couches de San Giovanni Ilarione. M. Hébert a déjà démontré depuis longtemps que les assises de cette dernière localité appartenaient à l'éocène moyen, et correspondaient au calcaire grossier inférieur des environs de Paris.

Cet étage est représenté à Majorque et à Cabrera par des conglomérats et des calcaires qui ne renferment que peu de fossiles; malheureusement ces assises ne se montrent que sur un petit nombre de points, soit qu'elles manquent ou bien qu'elles soient recouvertes par des dépôts plus récents. Il est du reste très difficile de voir le contact des assises tertiaires avec les couches crétacées. Elles se répartissent dans les deux régions suivantes :

I. RÉGION MONTAGNEUSE ORIENTALE DES ENVIRONS D'ARTA.

Fig. 47.

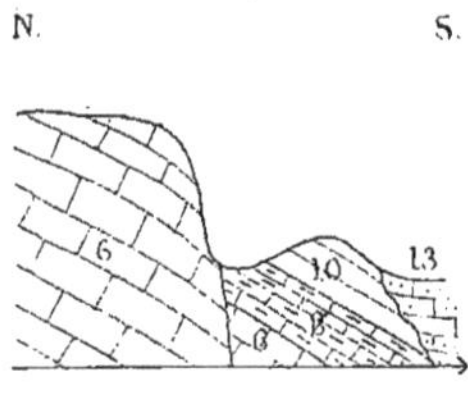

6 Jurassique. 10. Eocène moy.
8 Néocomien. 13. Miocène supér.

Au pied du puig de Nostra Señora de la Consolacion, au-dessus des assises néocomiennes, on voit des calcaires jaunes qui se désagrégent assez facilement, et qui renferment en abondance des nummulites de grande et de moyenne taille, et quelques fragments d'Oursins. Je n'ai pas pu constater en ce point l'existence des couches lacustres. Les calcaires nummulitiques dont je viens de parler n'ont que quelques mètres de puissance, mais ils renferment en grande abondance :

Nummulites perforata, d'Orb. ;
N. Lucasana, Defr.

Sur le chemin de Santañy à Felanitx, près de Cas Concos on retrouve un bel affleurement des calcaires nummulitiques précédents.

Les nummulites suivantes sont encore très-abondantes :

Nummulites Defrancei, d'Arch. ;
N. perforata, d'Orb. ;
N. Lucasana, Defr.

A droite de la route de Felanitx à Manacor, j'ai constaté la présence de calcaires compactes gris légèrement subcristallins présentant des veinules de calcaire spathique blanc et pétris d'orbitoïdes dont les sections nombreuses indiquent la présence de deux espèces. M. Bouvy a signalé le terrain nummulitique à Felanitx, mais il n'a pas indiqué les gisements de Nostra Señora de la Consolacion et de Cas Concos. Il a omis les affleurements des environs d'Arta, où le nummulitique existe aussi. A cinq cents mètres environ avant d'arriver à la ferme de Son Sanchoz, j'ai vu sur une épaisseur de dix mètres, des conglomérats qui sont surmontés de calcaires très-compactes, bleuâtres renfermant une grande quantité d'Oursins et de nummulites dont on ne voit malheureusement que des sections. Ces assises ressemblent beaucoup à celles que l'on observe à Maria.

II. CABRERA.

Le nummulitique n'avait pas encore été signalé à Cabrera, j'ai retrouvé dans cette île les couches à *nummulites perforata*. Ces assises sont évidemment le prolongement de celles que j'ai observées dans le Sud de Majorque.

En descendant la vallée de la fuente de la Olla, on rencontre des calcaires argileux jaunes qui paraissent avoir une quarantaine de mètres d'épaisseur, ils renferment beaucoup d'échinides et une très-grande quantité de *nummulites perforata*. J'ai recueilli dans ces couches les espèces suivantes :

Serpula spirulœa, Lamk ;
Periaster, aff. *P. verticalis*, d'Arch., sp. ;
Schizaster, sp. ;
Hemiaster nux, Desor ;
Nummulites exponens, Sow. ;
N. contorta, Desh. ;
N. perforata, d'Orb. ;
N. spira, de Roissy ;
N. Lucasana, Defr. ;
N. Mamillata, d'Arch.

On retrouve encore les mêmes couches au-dessus du néocomien à un kilomètre environ à l'Est du Castillo qui domine l'entrée de la baie.

MINORQUE.

Le terrain nummulitique ne me paraît pas exister à Minorque. Aucun indice n'y fait soupçonner son existence.

ÉOCÈNE MOYEN ET SUPÉRIEUR.

(*Calcaire nummulitique*).

Maintenant que j'ai passé en revue les quelques localités où l'éocène moyen est bien caractérisé, il me reste à étudier les dépôts nummulitiques les plus importants. Malheureusement dans la majorité des cas l'absence de coupes et de fossiles en rendent l'étude très-difficile.

Les assises que je vais étudier ne renferment

plus les grandes nummulites si caractéristiques de l'éocène moyen, mais en revanche on y trouve quelquefois une très-grande quantité de petites espèces que l'on rencontre, soit dans l'éocène supérieur, soit à la partie supérieure de l'éocène moyen.

Quelques-unes de ces couches appartiennent incontestablement comme on va le voir à l'éocène supérieur, mais dans beaucoup de cas, il m'a été impossible de savoir si elles devaient se ranger dans l'éocène moyen ou dans l'éocène supérieur. Il est probable qu'un jour on pourra démontrer que quelques-unes d'entre elles correspondent soit à l'horizon de Ronca, soit à celui de Faudon et des Diablerets.

Il restera encore un point important à éclaircir. L'éocène supérieur a-t-il toujours recouvert l'éocène moyen ? Il m'est impossible de résoudre actuellement d'une manière définitive cette question, mais je dois dire que si dans beaucoup de cas l'éocène moyen est recouvert par l'éocène supérieur, il existe cependant quelques points où l'éocène supérieur me paraît reposer directement sur des terrains plus anciens, à moins que les premiers dépôts nummulitiques ne soient très-réduits, et dépourvus de leurs grandes nummulites si caractéristiques.

Ces assises nummulitiques dont je viens de parler se répartissent dans les deux régions que je vais décrire successivement.

I. RÉGION DE LA CORDILLÈRE PRINCIPALE.

Je commencerai par étudier les environs d'Alaro, de Binisalem et de Selva.

A l'ouest d'Alaro, à quinze cents mètres du village, on trouve dans une colline la coupe suivante de bas en haut :

1. Calcaire néocomien, blanc, fragmenté à sa partie supérieure.
2. Calcaire jaune avec *Nummulites Ramondi?* 2^m.
3. Calcaire jaune et bleu compacte 1^m.
4. Calcaire très-dur, analogue au n° 3, environ 12 mètres.
5. Conglomérats.

Cette coupe importante, montre le contact du néocomien et du calcaire nummulitique. Les couches 1, 2, 3, sont visibles dans une petite carrière à l'Ouest d'Alaro ; les bancs 4 et 5 affleurent sur le sommet de la petite colline qui est voisine de la carrière dont je viens de parler, ce qui m'a permis de reconstituer la coupe.

Près d'Alaro, à un kilomètre environ du point précédent, on voit dans la colline sur laquelle sont construits les moulins à vent, des calcaires nummulitiques avec un plongement Nord-Est d'environ 30°.

Là on observe de bas en haut :

1. Calcaire dur, noir, légèrement argileux avec grains de sables siliceux disséminés dans la masse 1^m.
2. Marnes blanches et calcaires marneux $1^m,50$.
3. Calcaires gris, rugueux, avec nombreuses petites

taches blanches dues à des miliolites et à d'autres empreintes de fossiles 7^m.

4. Conglomérat 3^m.

Le plongement des couches fait affleurer les conglomérats au haut de la colline. Là un banc de calcaire argileux, gris bleuâtre, m'a fourni de nombreuses empreintes de *Cerithium*, *Potamides*, *Calyptrea*, *Cardium*, *Cytherea*, *Bayania*, malheureusement indéterminables spécifiquement. Les conglomérats sont à gros éléments, la pâte est grise, les galets sont calcaires, et ont une teinte plus foncée ; ils sont surtout développés le long de la cordillère principale. L'exactitude de ce fait se démontre par l'étude de la région dont je viens d'indiquer les trois principaux villages (Alaro, Binisalem et Selva).

Au sud d'Alaro, on observe une colline formée par des poudingues qui alternent avec des bancs de calcaires de 0^m 40 à 0^m 50 d'épaisseur. Ces calcaires sont gris, légèrement grenus, durs, parsemés de petits points jaunes, ils renferment de petits galets de calcaires compactes, jurassiques gris noirs. On y trouve encore de nombreux grains de sables quartzeux et de petits débris de roches éruptives, disséminés dans leur masse.

Les conglomérats qui recouvrent directement le néocomien sont bien développés dans les collines à l'Ouest d'Alaro ; je leur attribue 40^m d'épaisseur. On verra plus loin qu'à mesure que l'on s'éloigne de la cordillère septentrionale, c'est-à-dire de l'ancien rivage, les conglomérats diminuent et sont remplacés par des couches calcaires. Vers le Sud à Cabrera, ils ont complètement disparu, on ne voit plus alors que des calcaires renfermant une grande quantité de *Nummulites perforata*.

Dans la vallée qui se trouve à l'Ouest d'Alaro, un affleurement montre le contact des conglomérats avec le néocomien. Ici encore le dépôt lacustre fait complètement défaut. La coupe d'Alaro met ce fait en relief.

Fig. 42.

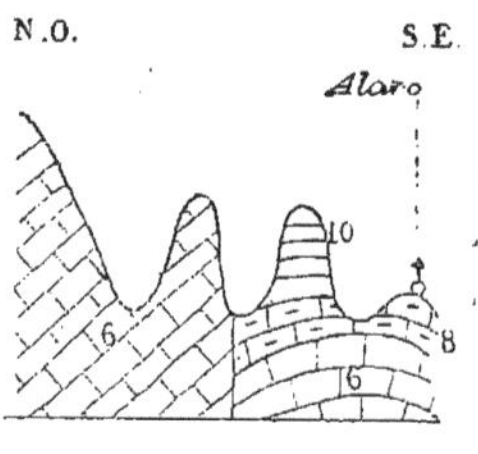

6 Jurassique.
8 Néocomien.
10. Eocène moyen.

Dans la vallée qui conduit de Solleric à Alaro, j'ai observé des conglomérats que je rattache encore à la formation nummulitique.

Aux environs de Binisalem, on constate près de la casa de Belleuver, qu'au-dessus des lignites, il existe des calcaires gris avec *Nummulites* spec. ayant 8^{m} d'épaisseur. Cette assise est surmontée de conglomérats assez épais qui plongent vers la montagne d'Alaro et qui alternent avec quelques bancs de calcaires. Ils constituent toute la face Nord de la colline de Belleuver. C'est la répétition de ce que l'on a vu aux environs d'Alaro. Le plongement des couches est à peu de chose près celui qui est donné par la pente générale de la colline.

Près de la casa de Banos entre Alaro et Binisalem vers la partie inférieure de ces couches, j'ai recueilli les espèces suivantes :

Janira Michelottii d'Arch.
Pecten affin. *P. corneus* Sow.
Echinolampas 2 spec.
Nummulites Ramondi? Defr.
Nummulites striata d'Orb.

Ces fossiles se trouvent dans un calcaire argileux légèrement rugueux, compacte, dur avec nombreuses taches blanches dûes à la présence de *quinqueloculina* et de très-petites *nummulites*.

Au-dessus de la mine de Can Pe Antoni près de Binisalem, on voit des calcaires jaunes avec nummulites ; à leur partie supérieure on remarque des alternances de marnes et de conglomérats à gros éléments, sans fossiles.

Il est difficile de donner une coupe précise de ce point à cause des nombreux glissements qui ont affecté cette colline.

Les conglomérats nummulitiques sont encore bien développés sur le chemin de Lloseta à Alaro derrière la chaîne de collines. Ils forment aussi la colline de Lloseta, là ils ont une épaisseur de quinze mètres, et ne renferment pas de fossiles.

La tranchée du chemin de fer d'Inca à Lloseta qui est ouverte dans la plaine, nous donne une assez belle coupe du terrain nummulitique, elle se trouve à 50 mètres du passage à niveau de la route d'Inca. On y voit de haut en bas :

1. Marnes blanches 6^m.

2. Calcaire jaune 5^m.

3. Calcaire sableux jaune et marnes blanchâtres avec petites paillettes de mica 1^m.

4. Conglomérat à gros éléments $1^m,50$.

5. Marnes blanches 1^m.

6. Calcaire gris jaune avec nummulites 5^m.

Les couches plongent de 65° au Sud. Vers le Nord d'Inca au-dessus des marnes blanches dont j'ai parlé quand j'ai examiné l'éocène inférieur, on rencontre des conglomérats assez épais qui plongent vers le Nord.

Le terrain nummulitique apparaît également entre Inca et Santa Magdalena, mais il présente rarement de beaux affleurements. Près de la maison que l'on rencontre en montant à l'Ermitage de Santa Magdalena, on voit des calcaires marneux jaunes avec *Lucina*, *Corbula*, *Cardita*. Ces fossiles sont malheureusement en trop mauvais état pour être déterminés spécifiquement. Il me reste un doute sur la position que doivent occuper ces couches ; doute que de nouvelles recherches pourront seules faire disparaître.

Aux environs de Selva et de Mancor, le terrain nummulitique est très-bien développé ; il conserve toujours le caractère de dépôt de rivage ; les fossiles y sont très-rares, et j'ai seulement rencontré des nummulites dans la colline qui est traversée par la route de Selva à Caymari,

A Selva même, les calcaires et les conglomérats sont assez puissants. Sous l'église de Selva on voit la succession suivante de bas en haut :

1. Marnes arénacées blanches ou bleu-verdâtre très-clair, présentant par place des rognons calcaires de $0^{m},05$ de diamètre et reposant sur le néocomien 10^{m}.

2. Conglomérats et calcaire jaune, dans lequel on voit de petits bancs irréguliers de galets $2^{m},50$.

En se dirigeant vers l'Est, on s'aperçoit que les conglomérats diminuent ; une trentaine de pas plus loin, il n'y a plus que des assises calcaires.

3. Calcaire jaune ou bleuâtre à texture souvent sableuse 15^{m}. Ils renferment quelques rares bancs de galets.

Ces couches plongent de 45 degrés au Sud.

M. Bouvy y a signalé des dents de squales; mais, malgré mes recherches, je n'ai pu en rencontrer. Au milieu du village, en descendant vers Inca, on trouve également des calcaires et des conglomérats qui peuvent avoir une puissance de quarante mètres; on les suit sur le chemin de Selva à Mancor.

Il existe à Mancor, Biniarroy et Santa Lucia une masse épaisse de conglomérats (environ cinquante mètres) qui plongent vers la plaine sous un angle d'à peu près 50°. Ils renferment à leur partie supérieure quelques bancs calcaires. On les observe aussi entre Biniarroy et Can Rafaël; dans ces deux localités leur altitude est portée à un niveau très élevé, elle atteint plus de quatre cents mètres.

L'inspection rapide de la coupe de Esmiray à Can Rafaël met bien vite en évidence les faits dont il vient d'être question.

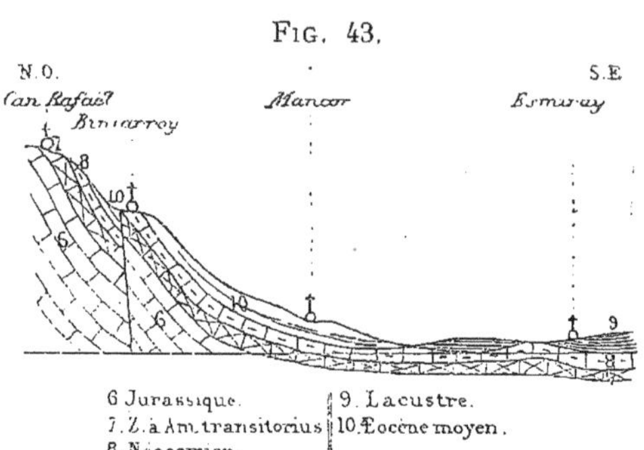

Fig. 43.

A Esmiray même et dans les environs, on rencontre les couches lacustres qui reposent sur le néocomien, mais en se dirigeant vers le Nord-Ouest, elles disparaissent complétement. En marchant toujours du côté de Mancor on remarque que les dépôts de l'éocène moyen s'appuient directement sur le terrain crétacé. Les couches continuent à se redresser très-fortement jusqu'à Can Raphaël. Avant d'arriver à cette ferme, on trouve une faille peu importante.

Entre Inca, Selva et Moscari, on voit des calcaires, des conglomérats et des marnes blanches que je rapporte au terrain nummulitique.

En sortant d'Inca par la route d'Alcudia, près du moulin à vent, on voit des marnes jaunâtres ; à deux cents mètres plus loin, on constate que les pierres qui sont retirées des champs et qui servent à bâtir les murs, sont formées de calcaires et de poudingues ressemblant tout-à-fait à ceux du terrain nummulitique. Mais à cinq cents mètres plus loin, ces couches sont en place. Elles reposent sur des marnes jaunes qui sont visibles sur une épaisseur de dix mètres et qui appartiennent, selon toute probabilité, à la formation de l'éocène lacustre.

A trois cents mètres de Son Mas, des calcaires bleuâtres avec *Nummulites striata?* reposent sur ces mêmes assises.

Avant d'arriver à Alcudia, la route passe entre deux montagnes qui laissent apercevoir des affleurements de calcaires et de conglomérats, que leur faciès doit encore faire rapporter à l'étage nummulitique.

C'est également à ce terrain que je réunis les conglomérats que j'ai observés près de Pollenza.

Environs de Palma.

Au Nord-Ouest de Palma, le terrain nummulitique peut être très-bien étudié.

Les flancs de la colline de Santa Eulalia, mettent à jour la succession suivante, de bas en haut :

1. Calcaire gris-jaune $1^{m},50$.
2. Marnes grisâtres 1^{m}.
3. Calcaire gris-jaune $1^{m},50$.
4. Marnes blanchâtres sableuses 3^{m}.
5. Calcaires gris rugueux remplis de petits grains de sables siliceux noirs et blancs, disséminés dans la pâte avec *Quinqueloculina*, *Cardium*, *Cytherca* et débris d'autres mollusques indéterminables. Certains bancs sont compactes, durs, subcristallins et remplis de nummulites de deux espèces (*Nummulites striata?* d'Orb.; *Num. vasca?* Joly et Leym.). Ces calcaires alternent avec des marnes blanches 15^{m}.

6. Poudingue 6^{m}.

7. Calcaire compacte gris ou noir, assez homogène, avec quelques rares paillettes de mica blanc argentin; il contient en outre d'assez nombreux petits grains de quartz gris et de rares petits cristaux de pyrite de fer transformé en hydroxide.

On peut suivre cette coupe le long de la colline, au-dessous de Son Suredeta, les couches plongent au Nord-Ouest ; malgré les éboulis il est possible de constater que le terrain nummulitique repose sur le néocomien et que l'étage lacustre manque sur ce point.

Au-dessous de Son Taulera, dans le ravin, on constate encore que des calcaires jaunes avec *Nummulites* et des calcaires gris-jaunâtre très-marneux avec Polypiers indéterminables, reposent sur le néocomien ; ces assises ont environ 20 mètres d'épaisseur.

Près d'Establiments à Son Gual sur le chemin de Valdurgent, on relève la coupe suivante de bas en haut :

1. Calcaire gris-jaune d'aspect terreux alternant avec des marnes blanchâtres sableuses 10^{m}.

2. Conglomérats. Leur épaisseur en ce point est difficile à établir; elle dépasse certainement 15 mètres.

Quoique je n'ai pas trouvé de fossiles dans ces couches, je les rapporte au terrain nummulitique avec celles que l'on voit au-delà de Can Berga.

A Establiments même, ces assises sont très-développées. Ce sont toujours des marnes grisâtres, des calcaires jaunes et des conglomérats.

Bord Ouest de la Cordillère.

Aux environs de Galilea, on voit des conglomérats qui se trouvent à une certaine hauteur au-dessus de la mer; je ne puis indiquer exactement leur altitude, mais je crois qu'elle se rapproche beaucoup de celle de Can Rafaël (400^m). On rencontre encore sur beaucoup d'autres points, ces conglomérats à une altitude bien moins élevée situés entre Galilea et la mer. Je citerai seulement les environs du village de Calvia, le chemin de Santa Ponsa à Porazza, et celui de Santa Ponsa à Calvia, où ils sont accompagnés de marnes. A la casa de Torra, au-dessus des calcaires marneux à ammonites, on voit de bas en haut :

1. Calcaire jaune ressemblant aux calcaires nummulitiques 8^m.

2. Conglomérat 4^m.

Près du Camp del Mar les conglomérats éocènes viennent s'adosser en discordance de stratification contre les couches néocomiennes qui leur servaient de rivage. La coupe de cette localité indique très bien les relations

Fig. 44.

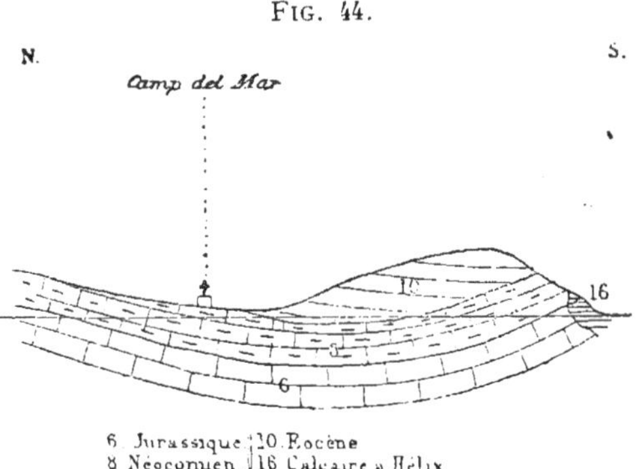

que je viens d'exposer, elle montre en outre dans sa partie Sud, une ancienne falaise contre laquelle venait battre la mer quaternaire.

Les conglomérats dont j'ai parlé plus haut ont une puissance de six mètres, au-dessous on aperçoit sur une épaisseur de douze mètres, des calcaires jaunes. Plus loin, vers l'Ouest, on rencontre des alternances de marnes sableuses jaunes et des calcaires jaunâtres, épais de vingt-cinq mètres; ils sont surmontés de poudingues ayant une épaisseur de quinze mètres.

FIG. 45.

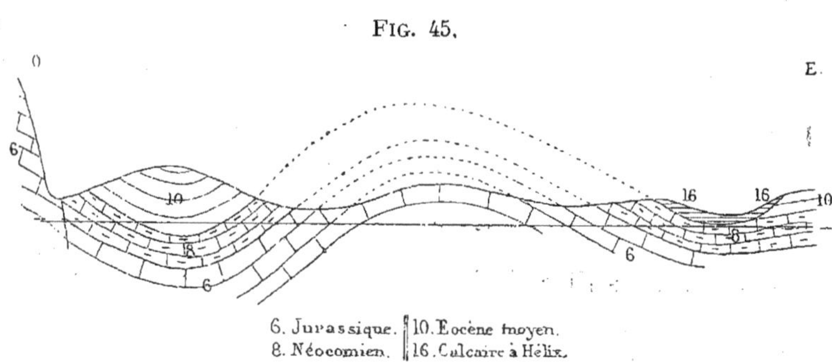

On peut vérifier l'exactitude de ces faits, sur le bord de la mer, à 500 mètres environ de Camp del Mar, là on voit un bombement considérable qui donne naissance à deux petits plis concaves situés de chaque côté, celui qui est à l'Est est rempli par le terrain quaternaire, tandis que celui qui est à l'Ouest présente un grand développement de marnes, de calcaires et de conglomérats nummulitiques qui alternent ensemble.

La falaise de Cala Blanca près de Santa Ponsa montre très-bien ces alternances. On voit de bas en haut :

1. Poudingue à gros éléments, renfermant beaucoup de galets calcaires gris-noir 2^m,50.

2. Calcaire gris violacé 1^m,50.

3. Alternance de calcaires gris-jaune et de marnes sableuses jaunes 12^m.

4. Calcaire gris-violacé semblable au n° 2.

5. Poudingue 1^m.

6. Calcaire jaunâtre 2^m.

7. Calcaire gris blanchâtre 7^m.

8. Poudingue 2^m,50.

9. Calcaires bleuâtres et jaunâtres avec marnes 6^m.

10. Calcaire gris violacé 6^m.

Au Nord-Est de ce point, la route d'Andraitx à Palma, coupe des calcaires et des conglomérats que je considère encore comme devant appartenir au terrain nummulitique.

Enfin, vers l'île de Dragonera, j'ai déjà cité au-dessus de la formation lacustre, des poudingues que je rapporte aussi au terrain nummulitique.

Dans la région occidentale de l'île, il y a, comme on le voit, un grand développement de calcaires, de marnes et de conglomérats ; malheureusement ces dépôts sont très-peu fossilifères : cet ensemble constitue le terrain nummulitique septentrional, que je viens de décrire en détail.

Je terminerai cette étude en faisant observer qu'une seule teinte a été adoptée par M. Bouvy pour représenter le terrain nummulitique et les dépôts lacustres.

Je crois utile en même temps, de rappeler les points où l'éocène n'avait pas encore été signalé ; ce sont : Porazza, Camp del Mar, col de Can Toni Llaro, Galilea, environs de Pollenza et d'Alcudia.

II. RÉGION CENTRALE.

Dans la partie centrale de Majorque, le terrain nummulitique peut se diviser en deux massifs principaux :

A. Environs de Randa.

B. Affleurements dirigés Nord-Est Sud-Ouest, à partir de Maria.

A. Environs de Randa.

Avant d'arriver à la hauteur de Son Fullana, sur le chemin de Lluchmayor à Porreras, affleurent des calcaires gris, fortement inclinés, qui renferment les fossiles suivants :

Orbitoïdes sp.
Nummulites contorta Desh.
Pecten affinis *P. corneus* Sow.
Janira Michelottii d'Arch.
Ostrea Brongniarti Bronn.
Terebratulina tenuistriata Leym.

Ces huîtres se trouvent en assez grand quantité près d'une ferme qui est située à gauche de la route, avant d'arriver à la tuilerie.

La carrière où est exploitée l'argile qui sert à la fabrication des tuiles donne la coupe suivante, de bas en haut :

1. Calcaire gris compacte très-dur, avec *Nummulites* spec.

2. Calcaire dur, marneux ou friable par place, avec grains de sables et grains de glauconie. On y voit des empreintes de *Natica*, *Turritella*, *Fusus*, *Voluta*, *Pyrula*, *Dentalium*, *Venus*, *Cypricardia*, *Nucula*, *Lucina*, *Cardita*, *Ostrea*, etc.; tous ces fossiles sont malheureusement trop mauvais pour pouvoir être déterminés spécifiquement.

3. Argile exploitée 12^{m}. Ces argiles paraissent particulières à cette localité, je ne les ai retrouvées sur aucun autre point des environs.

4. Alternance d'argile, de calcaires marneux et de grès désagréable 5^{m}.

5. Calcaire compacte grisâtre.

L'étude du puig de Galdent, montre que l'on peut séparer les couches nummulitiques en deux masses principales : à la base, un groupe calcaire ; à la partie supérieure, une alternance de calcaires et de conglomérats.

A 1500^{m} d'Algaida en allant vers le puig de Galdent (ou puig de Can Reuss), on commence à marcher sur des calcaires et des conglomérats qui alternent ; comme leur inclinaison est très-variable, il est impossible de donner la succession exacte de toutes les couches ; cependant on peut relever au pied de la colline la coupe suivante de haut en bas :

1. Calcaire gris 1^{m}.

2, Conglomérat 2^{m}.

3. Calcaire jaune et blanc désagrégé par place 5^{m}.

4. Conglomérat 0^{m},20.

5. Calcaire identique à 3°, mais plus dur 10^{m}.

6. Conglomérat 2^{m}.

7. Calcaire gris 4^{m}.

A partir de ce banc, les couches ne sont pas visibles sur une longueur horizontale de 50 mètres.

8. Calcaire compacte 10^{m}.

9. Calcaire gris-jaune, pétri de nummulites et renfermant quelques oursins 1^{m}.

Num. contorta Desh. *N. striata* d'Orb.

N. aff. *N. granulosa* Desh. *N. Ramondi?* Defr.

10. Calcaire compacte généralement blanc 5^{m}.

Puis on a une interruption de 20 mètres dans la coupe, mais on marche toujours sur les calcaires.

11. Calcaire compacte avec nummulites 3^{m}.

12. Calcaire avec nummulites.

On marche ensuite jusqu'au sommet du puig de Galdent sur des calcaires sans conglomérats. Le sommet de cette colline est formé par un calcaire gris-blanc, à pâte fine, homogène et compacte. Malgré mes recherches, je n'ai pu découvrir dans ces bancs, qu'une empreinte de *Pecten*. En redescendant par le sentier qui conduit à Randa, on marche sur des calcaires saccharoïdes avec débris de mollusques ; ces calcaires se terminent par un banc de calcaires gris marneux, pétris de *Nummulites striata* et *Ramondi*.

Plus loin, sur la lisière du bois, à 1500^{m} de

Randa on retrouve les mêmes couches fossilifères, mais la roche est plus compacte. Le plongement suit la pente générale de la montagne.

Aux environs de l'affleurement néocomien de Randa, on voit des calcaires marneux jaunes, qui renferment beaucoup de *Nummulites intermedia*, *N. striata*, etc. ; ils sont surmontés par des conglomérats.

A quatre cents pas de l'église de Randa, sur le chemin d'Algaida, on retrouve les calcaires à Nummulites et les conglomérats.

Sur le chemin de Randa à Lluchmayor, on voit encore à la base de la colline qui est située à droite de la route, les assises à *Ostrea Brongniarti*, Bronn, que j'ai déjà signalées près de la tuilerie de Son Fullana.

En face de ce gisement sur le bord gauche de la route, une autre colline permet de relever la succession suivante de haut en bas :

1. Conglomérats.
2. Marnes avec *Nummulites*.
3. Calcaires.

J'ai recueilli en ce point les fossiles suivants :

Moules nombreux de gastéropodes et d'acéphales;
Ostrea Brongniarti, Bronn ;
O. Sowerbyana, d'Orb.;
Spondylus subspinosus, d'Arch.;
Echinanthus, aff. *E. testudinarius*, Cotteau ;
Echinolampas, sp.;
E. subsimilis, Agassiz;

Schizaster ambulacrum? Desh.;
Prenaster, aff. *P. alpinus*, Desor;
Brissopatagus, aff. *B. veronensis*, Def.;
Cœlopleurus equis, Agassiz;
Nummulites intermedia, d'Arch.;
N. striata, d'Orb.;
Operculina ammonea, Leym.;
O. sp.

A l'ouest du puig de Galdent, on voit dans la plaine des conglomérats nummulitiques. A la ferme de la Serra, on observe aussi des calcaires gris ou jaunes et des poudingues très-résistants qui plongent de 60 degrés vers l'ouest.

B. Affleurements partant des environs de Maria, et se dirigeant vers le Sud-Ouest.

La route de Montuiri à Villafranca, montre près de San Miguel des calcaires qui renferment de petits galets et qui reposent sur le néocomien. Je rapporte ces assises au terrain nummulitique.

Entre Petra et Maria, on voit divers affleurements :

1° A gauche du chemin, en descendant la colline d'Ariañy pour aller à Maria, se trouve un petit monticule formé par des calcaires et des poudingues qui renferment des *Nummulites*.

2° Après avoir traversé le ravin de Maria où affleure le néocomien (chemin de la ferme de Rafal) on a de bas en haut la coupe suivante :

1. Calcaire compacte très-dur, généralement bleuâtre

renfermant quelques galets ; à sa partie inférieure, on trouve un petit banc pétri d'Echinides dont on ne peut voir que les sections, vingt mètres plus haut, il existe un banc qui est pétri de *Nummulites* 40m.

2. Conglomérats, visibles en se dirigeant vers l'église.

3. Calcaires gris noirâtre.

Je ne puis donner l'épaisseur exacte de ces couches que j'évalue approximativement à 100m.

FIG. 46.

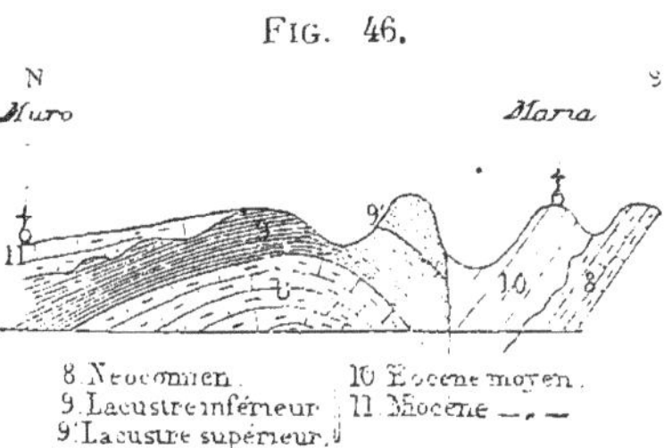

La coupe ci-jointe, montre que dans la direction de Muro, on ne tarde pas à rencontrer l'éocène inférieur, puis le miocène moyen. Il y a eu ici d'anciennes dénudations compliquées d'accidents stratigraphiques importants.

Sur le chemin de Maria à Petra, on voit dans le ravin les assises nummulitiques formées par des calcaires et des poudingues peu épais ; elles reposent sur les couches néocomiennes et sont recouvertes par le miocène.

Avant de terminer, je dois dire qu'il existe encore plusieurs localités où l'on peut observer les calcaires nummulitiques, ce sont : le puig d'Onofre, le chemin de Sineu à Santa Margarita, les environs de Son Pujol, etc.

Eocène supérieur? de la région montagneuse occidentale.

Il existe encore dans cette région des assises dont il est difficile de déterminer la place exacte ; j'ai cru devoir les rapporter provisoirement à l'éocène supérieur. Elles sont indiquées sur la carte de Majorque (pl. 2) par un signe spécial.

Aucun dépôt tertiaire n'avait encore été signalé dans cette partie de l'île, car les couches dont il s'agit avaient été considérées comme appartenant au néocomien. Je vais décrire très brièvement les principales localités où je les ai rencontrées.

On trouve aux environs d'Estellenchs, près de la casa de Es Pont, des conglomérats calcaires ou polygéniques, avec *Schizaster*, *Eupatagus*, *Plicacula*, *Ostrea*, *Pecten;* ils renferment en outre quelques empreintes végétales, mais comme tous ces fossiles (1) sont en trop mauvais état pour être déterminés spécifiquement et qu'il n'existe pas de coupe qui permette d'établir les relations stratigraphiques de ces couches, il m'a été impossible de fixer d'une manière précise leur âge.

Les mêmes conglomérats plus désagrégés et

(1) Je dois dire cependant que les espèces qui appartiennent aux genres que je viens de citer ci-dessus, m'ont paru malgré leur mauvais état de conservation se rapprocher de certaines espèces de Priabona et de Biarritz.

renfermant des huîtres mal conservées, s'observent à l'Huerta Nueva de Son Fortuny. Le plongement général de ces couches se fait vers le Sud, mais comme elles sont très-tourmentées, il est impossible d'en donner une coupe approximative. Je crois cependant que les couches fossilifères dont j'ai parlé plus haut occupent la partie supérieure de cette formation qui selon toute probabilité, se termine par des calcaires gris-jaunâtres, durs, légèrement grenus, avec quelques paillettes de mica et de nombreux petits grains de quartz. Ces calcaires qui renferment plus ou moins de sable siliceux, alternent avec des marnes également sableuses, blanchâtres ou gris-bleuâtre. Cette coloration est caractéristique du sol des environs d'Escollet.

J'ai rencontré des couches très-analogues à la Granja dans la charmante vallée d'Esporlas, là on observe des calcaires gris-bleus avec des fragments de *Janira* et d'*Ostrea* indéterminables ; ces fossiles sont en très-mauvais état et ressemblent beaucoup à ceux d'Estellenchs.

En remontant la vallée vers Son Vich, on rencontre encore les marnes sableuses correspondant aux couches précédentes.

Avant d'atteindre Esporlas, on remarque des poudingues calcaires très-compactes formés de petits éléments, qui sont réunis par une pâte gris-bleu. Ils forment à droite de la route un escarpement de 15 mètres de hauteur. J'y ai remarqué des fragments de *Pecten* et des sections d'Oursins fort mal conservés. Mes observations me font penser que ces poudingues doivent aussi appartenir aux couches que j'étudie maintenant.

Près de Son Cotoneret sur le chemin d'Establiments à Puigpugnent, j'ai rencontré sur une épaisseur de cinquante mètres environ des marnes grisâtres et des calcaires sableux bleuâtres ou grisâtres, sans fossiles, dont le faciès rappelle les couches calcaires d'Estellenchs.

En remontant la vallée de Son Cotoneret, lorsque l'on se dirige vers Son Manente, on marche sur les mêmes couches ; leur altitude doit être bien près de cinq cents mètres.

Je rapporte encore à l'horizon d'Estellenchs les marnes sableuses qui sont si développées à Puigpugnent.

Dans la région Ouest de l'île il existe d'autres assises qui doivent probablement appartenir au même système ; je n'y ai malheureusement rencontré aucune trace de corps organisés. Je citerai :

1° En face de l'île de Dragonera, à Cala Ambeset (Can Toni Llaro), sur le bord de la mer, une succession d'assises fortement inclinées, composées de calcaires sableux, gris ou jaunes, de marnes blanchâtres et de conglomérats.

2° A l'embouchure de la vallée de Bañalbufar, une falaise élevée montre des couches horizontales. C'est une succession de calcaires plus ou moins sableux, jaunes extérieurement, bleus à l'intérieur. Ils sont souvent feuilletés et délités, et alternent avec des marnes sableuses bleuâtres ou jaunâtres. Leur épaisseur totale est d'environ soixante mètres. Ces couches s'appuient contre les calcaires secondaires de la montagne.

Pour établir avec certitude l'âge des dernières couches que je viens d'étudier, il faudra que des recherches ultérieures fassent découvrir des localités où les fossiles soient bien conservés.

Résumé.

L'étude du terrain nummulitique présente, comme on vient de le voir, de sérieuses difficultés, il reste même encore beaucoup de points à éclaircir. Cependant il ressort des faits que j'ai développés, que l'éocène moyen et l'éocène supérieur sont représentés; mais comme je n'ai pu observer ces deux étages sur un même point, il m'a été impossible d'établir leurs rapports stratigraphiques.

L'éocène moyen renferme les grandes nummulites qui caractérisent cet horizon, mais les affleurements sont peu nombreux dans les points où ces couches sont le mieux développées (Santañy et Cabrera); elles ne paraissent pas avoir plus de 40 mètres d'épaisseur.

L'éocène supérieur est aussi très-bien caractérisé, surtout près de Son Fullana; là on trouve quelques espèces caractéristiques de cet horizon

(*Nummulites intermedia*, *Cœlopleurus equis*, *Janira Michelottii*, etc.).

Il faut encore signaler la présence de deux huîtres (*Ostrea Brongniarti et Sowerbyana*). La première de ces espèces qui apparaît dans l'éocène supérieur de Biarritz et de l'Italie se retrouve en bien plus grande abondance dans les assises du miocène inférieur du Vicentin et de la Ligurie. La deuxième espèce (*Ostrea Sowerbyana*) paraît jusqu'à présent plus spéciale aux couches les plus élevées de l'éocène supérieur; cette espèce est assez commune aux environs de Castellane.

J'ai dû réunir dans un même chapitre sous le titre d'éocène moyen et supérieur, la plus grande partie des calcaires nummulitiques de Majorque, car dans bien des cas, l'absence de preuves stratigraphiques et surtout l'absence de fossiles, m'ont empêché de savoir s'il fallait plutôt les ranger dans une de ces deux formations que dans l'autre. L'épaisseur totale du terrain nummulitique atteint un minimum de 150 mètres.

Historique.

Je rappellerai brièvement que l'existence du terrain nummulitique avait été soupçonnée à Majorque par M. de la Marmora, mais que cette formation fut en réalité découverte plus tard, par M. Jules Haime qui signala quelques espèces éocènes dans les environs de Binisalem. M. Bouvy en 1867, donna sur cette formation des renseignements pétrographiques complémentaires, mais les auteurs dont je viens de parler n'y établirent aucune subdivision.

M. Bouvy indiqua, sur la carte qui est jointe à son travail, plusieurs gisements nummulitiques. Je ferai aussi remarquer que la composition minéralogique de ces couches est assez variable et qu'il est impossible de retrouver d'une façon précise les divisions qui ont été établies par M. Bouvy. Lorsque l'on étudie la carte géologique de cet ingénieur, on remarque que presque tous les gisements nummulitiques qu'il connaissait, sont situés au pied de la cordillère principale, dont ils occupent le versant Sud.

Cependant il en signala encore quelques autres dans la région centrale de l'île, à Randa, Petra et Maria, etc. L'affleurement nummulitique le plus méridional est indiqué à Felanitx.

MIOCÈNE.

Le miocène joue un rôle important aux îles Baléares, mais il est incomplet ; il se compose seulement des deux termes supérieurs, sa partie inférieure paraissant faire complètement défaut.

Au point de vue stratigraphique ce terrain,

comme on va le voir, est tout à fait indépendant des autres formations tertiaires.

MIOCÈNE MOYEN.

Le miocène moyen repose en discordance de stratification tantôt sur les terrains anciens, tantôt sur les terrains secondaires, tantôt sur les terrains tertiaires, ce qui démontre la complète indépendance de ce dépôt.

Cet étage est plus complet à Majorque qu'à Minorque.

Il présente deux subdivisions :

1° Une partie inférieure qui correspond au calcaire à *Clypéastres* de la région méditerranéenne ;

2° Une partie supérieure qui représente les couches à *Ostrea crassissima*.

Au-dessus de ces assises apparaissent les premières couches du miocène supérieur.

L'étude du miocène moyen présente relativement peu de difficultés. Je vais commencer l'examen des assises inférieures.

I. CALCAIRES A CLYPÉASTRES.

MAJORQUE.

Je vais commencer par Majorque l'étude des couches inférieures du miocène moyen,

On exploite depuis longtemps à Muro des calcaires qui fournissent une excellente pierre de construction. La faune de ces calcaires indique qu'ils appartiennent à la partie inférieure du miocène moyen et qu'ils sont les représentants des calcaires à clypéastres d'Algérie, de Corse, etc.

En allant de la Puebla à Muro, après avoir dépassé le torrent de Muro, la route gravit une colline couverte de broussailles et de rochers nus. Ce terrain est constitué par la zone inférieure du miocène moyen. Avant d'arriver au village, la route rencontre de nombreuses exploitations situées à droite et à gauche. Ce sont des carrières d'une dizaine de mètres de profondeur, creusées dans des calcaires assez tendres, d'un très-beau blanc ou colorés accidentellement par de l'oxyde de fer. Tantôt ces calcaires sont compactes, tantôt ils sont criblés de nombreuses cavités, dues à des empreintes de fossiles. Les différents bancs se présentent sous l'aspect d'une seule masse ; la stratification des couches n'étant que très-rarement visible. La partie supérieure de ces assises est formée de calcaires plus durs et parfois subsaccharoïdes. On y remarque fréquemment de nombreuses empreintes de fossiles parmi lesquelles dominent plusieurs espèces de turritelles et le *Proto cathedralis*.

Si on se dirige au Nord de Muro vers Son Fitters, ou marche sur un sol couvert de broussailles et de rochers ; là les bancs calcaires renferment beaucoup d'empreintes de fossiles.

Pour se rendre de Son Fitters à Son Claret, on traverse encore les mêmes couches ; elles ont été exploitées autrefois dans les environs.

Le *barranco* de Fitters montre sur ses flancs des coupures qui ont été faites dans les mêmes couches et qui atteignent une hauteur de dix mètres.

Dans les environs de Muro, on constate sur plusieurs points que le miocène moyen commence par des calcaires, qui développent sous le choc, l'odeur particulière de la pierre à fusil *(piedra viva)*. Ces bancs qui sont très-durs reposent sur un système assez épais de marnes grises que je rapporte au terrain lacustre éocène.

Une coupe prise au-dessous des moulins à vent de Muro montre de bas en haut :

1. Marnes calcaires jaunes (éocène lacustre) 10^{m}.
2. Calcaire compacte très-dur 2^{m}.
3. Calcaire gris-jaune avec taches ferrugineuses ressemblant au calcaire de Muro 6^{m}.

La couche n° 2 paraît assez constante dans les environs de Muro, et dans le voisinage de Son Perrera. Elle repose toujours sur les marnes lacustres. Si on descend de Muro par la route d'Inca, on retrouvera toujours la même succession, de haut en bas :

1. Calcaire blanc exploité 10 à 12^{m}.

2. Calcaire compacte très-dur 3m.

3. Marnes jaunes.

Les calcaires blancs de la coupe précédente se voient encore aux environs de Llubi et de Vinagrella, mais c'est surtout dans les carrières qui sont situées au Sud de Muro et tout près de ce village, que j'ai recueilli en abondance de nombreuses empreintes de fossiles. Le banc fossilifère se trouve presque à la partie supérieure des couches exploitées. Il renferme les espèces suivantes.

Lamna contortidens, Agass.
Oxyrhina hastalis, Agass.
Balane.
Pyrula condita, Brong.
P. rusticula, Baster.
Proto lævigatus, Desh.
Proto cathedralis? Brongn.
Turritella. 3 spec.
Trochus, 3 spec.
Ancyllaria glandiformis, Lamck.
Murex Brandaris, Linn. (variété).
Venus, 3 spec.
Tapes vetula, Baster.
Tellina lacunosa, Chemn.
Lucina Leonina, Baster.
Lucina columbella, Lamck.
Cardium turonicum, Mayer.
Panopæa Menardi, Desh.
Anatina.
Tellina, 3 spec.
Spondylus, spec.
Ostrea, spec.

Clypeaster portentosus, Desmoulin.

C. imperialis, Mich.

Etc., etc.

Les calcaires siliceux très-durs qui se trouvent à la base des couches à clypéastres, s'observent au Sud-Est de Santa Margarita dans une colline dont ils constituent le sommet. Ils reposent sur les marnes lacustres. Dans cette région des émissions siliceuses ont eu lieu avec une très-grande intensité, car on trouve de très-gros rognons de silex, disséminés au milieu des bancs calcaires. En allant d'Alcudia au cap del Pinar, en suivant la rive du Puerto Menor, on voit au-dessous de la batterie, un conglomérat de *Clypeaster* et d'*Ostrea crassissima;* les oursins sont très-comprimés, ils doivent avoir subi d'énormes pressions. La succession des couches que j'ai relevée dans cette localité n'apprend rien au point de vue stratigraphique. Les fossiles que l'on recueille dans ces conglomérats, me paraissent avoir été remaniés sur place, ce sont des *Clypéastres* indéterminables et des *Huîtres* très-voisines sinon identiques aux *Ostrea lamellosa* Broc., *O. crassissima* Lamck, *O. Velaini* (1) M. Ch.

Environs de Santa Eugenia.

Les huîtres que l'on trouve en si grande abon-

(1) Cette espèce est très-répandue dans le miocène moyen d'Algérie.

dance dans la plaine de Costix se retrouvent à Santa Eugenia au Sud de Binisalem.

On les observe dans la plaine au-dessous des moulins à vent dans un calcaire marneux blanchâtre. Sur la plaza de la Constitucion, près de l'Église de Santa Eugenia, ces mêmes couches affleurent. Elles sont recouvertes ainsi qu'on l'observe près des moulins, par des calcaires grumeleux avec parties désagrégées, ou compactes gris et jaunes. Ces assises sont peu fossilifères à Santa Eugenia même; cependant dans la colline située à l'Ouest du village on peut recueillir beaucoup de fossiles, mais les espèces sont peu variées, les *pecten* dominent.

J'y ai recueilli :

Pecten præscabriusculus, Font.
P. spec.
Psammobia Labordeï, Baster.
Cardium, spec.
Cardita, spec.
Ostrea digitalina, Dub. (variété).
Ostrea gingensis, Schl.
Spatangus corsicus, Desor.

Les coteaux qui s'étendent entre Santa Eugenia et San Marcial sont encore formés par les assises miocènes.

Environs de Deya.

Entre Bañalbufar et Deya, on observe non loin de la mer des couches fossilifères.

Elles avaient déjà été signalées par la Marmora mais il ne put déterminer leur place exacte.

Il s'exprime ainsi dans les observations géologiques sur les deux îles Baléares : « En suivant la « corniche de Soller à Valdemosa, j'ai cru voir « cette roche (le lias) alterner en stratification « concordante avec des marnes d'un gris jaunâtre « contenant des petites coquilles que j'ai prises « pour des corbules, et quelques peignes. A parler « franchement, j'hésite à réunir ces marnes au « terrain dont il s'agit, et je suis très-disposé à « les regarder comme tertiaires à cause de leurs « fossiles, mais ayant bien cru les voir alterner « ensemble en stratification et en inclinaison con- « cordante, je ne puis me dispenser d'en faire ici « mention. Je regrette seulement que le mauvais « temps qu'il faisait, lorsque je parcourais cette « contrée, et le long chemin qui me restait à faire « n'aient pu me permettre d'éclaircir mes doutes ; « au reste ces marnes offrent une certaine ana- « logie avec celles que l'on trouve en arrivant à « Nîmes par Anduse, qui contiennent des Am- « monites et qui sont rapportées au terrain de « lias.

« Si ces marnes sont secondaires, elles reposent « sous le calcaire ammonéen, si elles sont ter- « tiaires, elles se trouvent dans des relations de « contact fort remarquables avec des roches bien « plus anciennes. J'engage les géologues qui visi-

« teront après moi cette contrée que je n'ai pu « voir qu'en passant, à diriger leurs observations « sur des strates marneux que l'on voit près du « village de Deya et particulièrement sur ceux « que j'ai vus au loin, près de la mer entre Bañal-« bufar et Estellenchs. »

Voici la description des gisements que j'ai observés entre Valdemosa et Deya. A la casa de Torre, il existe des marnes légèrement jaunes ou bleuâtres qui sont coupées par la route, elles ressemblent à celles de Bañalbufar. A Miramar, propriété de S. A. l'archiduc Louis Salvator on voit au-dessous de ces marnes sableuses blanchâtres ou bleuâtres, des calcaires bleus à l'intérieur, jaunes à l'extérieur, qui renferment quelques fossiles.

Ces calcaires parfois fétides contiennent des traces de charbon. Ils ont une épaisseur de quinze mètres, et plongent vers l'Ouest.

A Deya même et dans les environs de ce village, on voit un très-beau développement des couches en question. La succession montre :

1. A la base des calcaires marneux blanchâtres ou gris, des marnes et des conglomérats ; les calcaires marneux dominent, on y trouve :

Jouannettia Tournouëri, Locard.
Lithodomus lithophagus, Linn. (var.)
Mytilus, sp.
Clypeaster aff. *Clyp. crassicostatus*. Agass.
Ostrea, 2 sp.

2. A la partie supérieure, des calcaires marneux gri-

sâtres avec nombreux petits mollusques malheureusement très-mal conservés ; les grosses espèces sont rares.

Natica, Conus, Pleurotoma, Ringicula.
Cyprina (grande espèce).
Venus Islandicoïdes, Lamck.
Cytherea Dujardini, Horn.
Venus, Corbula, (très-nombreuses).

M. Haime a cité à Deya l'*Ostrea crassissima*, il est très-possible que cette espèce ait été trouvée dans cette localité, mais elle doit provenir des couches supérieures, puisque les assises inférieures appartiennent aux calcaires à Clypéastres.

Au centre de l'île, on observe la colline de Randa dont l'altitude atteint 672^{m}.

La base de cette colline est formée par des calcaires nummulitiques très-fortement redressés ; ils supportent en discordance de stratification un puissant massif de miocène (200^{m} environ), mais l'absence de fossiles m'a empêché d'établir les relations de ces différentes assises. Au milieu de ce dépôt, j'indiquerai seulement la présence de couches siliceuses réfractaires, qui sont employées dans la construction des fours.

Sur le versant Sud du massif de Randa, j'ai observé des faits analogues. A la base, on voit sur une épaisseur de trente-cinq mètres environ des marnes blanches avec alternance de bancs calcaires ; puis viennent des calcaires semblables à ceux de Randa.

En allant du puig de Randa à Montuiri, on

retrouve fréquemment ces marnes blanches avec alternance de calcaires. Les mêmes couches réapparaissent près des moulins qui sont situés à l'Est de Montuiri, mais là on y rencontre de petits fragments de lignites et des galets de diverse grosseur, formés de grès verts avec paillettes de mica, qui ont été arrachés à la formation lacustre éocène. Ces couches dont je viens de parler sont diversement inclinées. On peut les suivre jusqu'au puig de San Miguel où elles viennent s'appuyer contre les calcaires nummulitiques et contre le néocomien, comme le montre la coupe ci-jointe; là elles présentent à leur partie supérieure des calcaires gris-jaune ressemblant aux calcaires à *Ostrea crassissima* de Belver, mais dans lesquels je n'ai pas rencontré de fossiles.

FIG. 48.

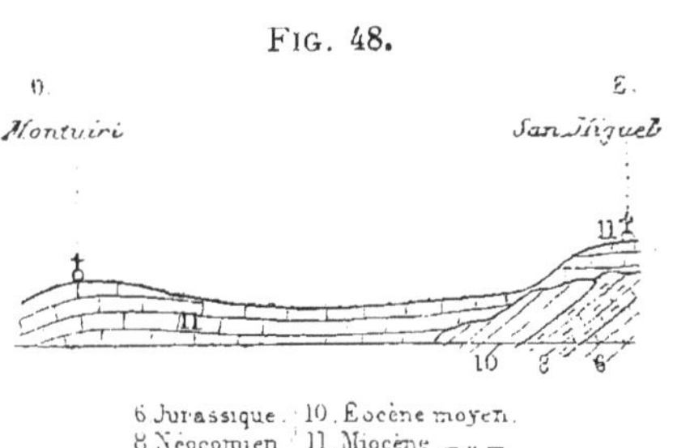

La pauvreté des fossiles dans les assises du puig de Randa et la difficulté de distinguer au point de vue pétrographique, les marnes inférieures du miocène moyen, des marnes de l'éocène inférieur, rendent très-difficile l'étude du terrain tertiaire de Majorque. Dans les points où l'on manque de superposition directe, le géologue se trouve dans un très-grand embarras car il n'a pour se guider, que les caractères pétrographiques.

Cependant à San Marcial près de Marratxi, les marnes blanches présentent à leur partie supérieure les couches à *Ostrea crassissima*, il me paraît donc certain qu'une partie des assises que je viens d'étudier doivent rentrer dans le miocène moyen. C'est le seul point où j'ai pu déterminer d'une manière précise l'âge des couches en litige.

Les principales localités où se présentent des difficultés analogues à celles de Randa sont :

1. Les environs de la gare de Sineu.

2. La station de la Bomba (tranchée du chemin de fer).

3. Les collines qui s'étendent au Nord et au Sud de la Bomba.

4. Près d'Alcudia (1500^{m} avant d'arriver à cette localité).

5. Les environs de Campanet, de Pollenza, de Manacor et de Montuiri.

Il existe encore un certain nombre de localités où l'on rencontre encore des assises appartenant au miocène moyen, mais il est bien difficile de préciser d'une manière exacte l'horizon auquel elles appartiennent, ce sont :

1. A l'entrée du village de Petra on voit des calcaires gris très siliceux, avec silex brunâtres, ressemblant à ceux que l'on rencontre ordinairement au milieu des formations lacustres tertiaires.

2. A Villa Franca on rencontre de nombreuses empreintes de mollusques et quelques traces de végétaux dans un calcaire argilo-sableux.

3. Sur la route de Porreras à Montuiri se montrent différentes assises de marnes et de calcaires avec galets

et fragments de grandes huîtres et d'autres coquilles roulées.

4. Aux environs de Costix et de Son Bordills on trouve les calcaires à clypéastres ; à leur base on voit quelques rares galets.

J'ai recueilli là :

Perna Soldani Desh.
Venus umbonaria Lamck.
Cytherea pedemontana Agass.
Clypeastres (indéterm.).

On observe encore des assises analogues dans les environs de Sansellas et de Cas Canar.

MINORQUE.

Je vais maintenant étudier le calcaire à clypéastres dans l'île de Minorque.

Ici le terrain tertiaire ne présente pas les mêmes difficultés qu'à Majorque. L'éocène fait complétement défaut et les terrains tertiaires ne sont représentés que par les calcaires à clypéastres (1).

Les assises miocènes ont été fort peu dérangées de leur situation primitive et les torrents (*barrancos*) qui entament le plateau miocène de Minorque, montrent sur leurs flancs, des couches qui sont dans la majorité des cas, sensiblement horizontales. Néanmoins, elles ont été quelquefois

---

(1) Ces calcaires fournissent d'excellents matériaux de construction ; les pierres des carrières de Ciudadella notamment, sont très-recherchées et exportées jusqu'en Algérie.

redressées, alors elles présentent un plongement assez accentué. Comme exemple de ce dernier fait, je rappellerai qu'entre Ferrerias et Santa Ponsa, les couches miocènes reposent en stratification discordante sur les terrains anciens qui sont fortement relevés; elles ont une inclinaison Sud-Ouest variant de 5 à 10°.

Aux environs de Mahon, en gravissant la colline sur laquelle est bâti le Lazaret, on observe à partir du niveau de la mer la succession suivante, correspondant au n° 11 de la coupe ci-jointe :

Fig. 49.

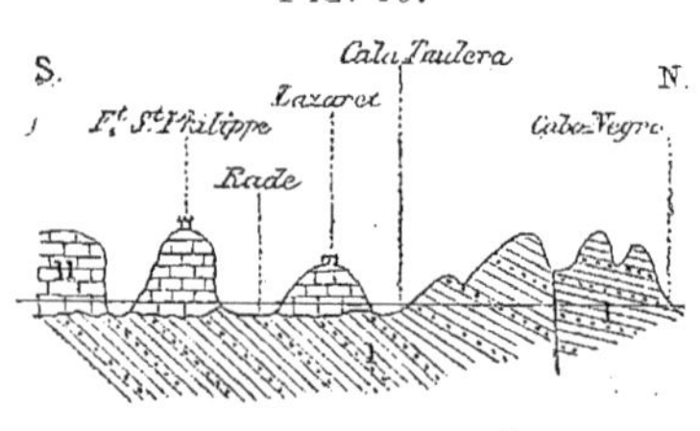

1. Dévonien.
II. Calcaire à Clypéastres.

A. Poudingue avec galets de grès verdâtres 7^m.
B. Calcaire jaunâtre avec rares galets 6^m.
C. Calcaire avec quelques empreintes de fossiles 5^m.

Près de Cabo Negro, les couches dévoniennes constituent de petites collines, mais en s'approchant de Mahon elles s'abaissent à peu près au niveau de la mer, pour former une ancienne plaine sous-marine qui a été recouverte par les dépôts miocènes.

Fig. 50.

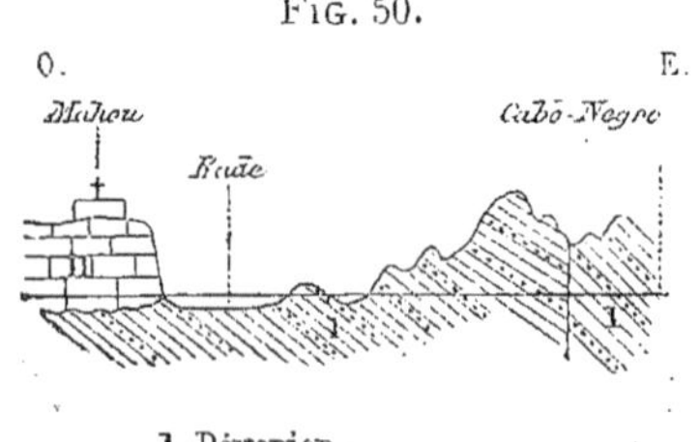

1. Dévonien.
II. Calcaire à Clypéastres.

La citation suivante, extraite de l'histoire de

Minorque par Armstrong, vient encore à l'appui de cette observation :

« La profondeur des puits dépend de l'élévation du ter-
« rain où on veut les creuser ; car partout il faut descendre
« jusqu'au niveau de la surface de la mer. Cette profon-
« deur n'est pas grande à Saint-Philippe et à Ciudadella,
« mais elle est très-considérable à Mahon et à Alayor
« qui sont bâtis sur des hauteurs. On creuse jusqu'à ce
« qu'on trouve une espèce *d'ardoise noirâtre*. Arrivé là,
« il faut prendre des précautions lorsqu'on perce la pierre,
« l'eau jaillit avec une telle violence que l'on courrait
« risque de perdre la vie, si l'on ne se retirait avec la plus
« grande précipitation. »

On aurait tort cependant de vouloir généraliser d'une manière absolue, les faits cités par Armstrong. Le fond de la mer du miocène moyen était certainement inégal, puisqu'à la colline de San Telmo près Ferrerias, les calcaires miocènes sont exploités à une hauteur assez grande au-dessus du niveau de la mer. On observe dans cette localité la succession suivante, de bas en haut :

1. Grès bigarré.
2. Calcaire sableux jaune 6^{m}.
3. Calcaire jaune exploité ; fossiles très-rares 20^{m}.

A Mahon même le miocène est bien développé. En sortant de cette ville pour se diriger à Cala Figuera, par le chemin qui longe la mer, on trouve sur le plateau.

1. Grès argileux calcarifère avec empreintes de fossiles 4^{m}.

Lucina columbella, Lam.

Venus umbonaria, Lam.

Tapes vetula, Bast.

2. Calcaire gris avec rares galets de quartz 5^m.

3. Poudingue assez friable composé de galets jaune verdâtre $0^m,50$.

4. Grès friable avec nombreuses empreintes de mollusques et de polypiers ; ces grès, qui étaient primitivement calcaires ont subi des altérations qui les ont complétement décalcifiés. On y trouve des clypéastres à l'état de moule, et des Pecten voisins du *P. Jacobeus* $1^m,50$.

5. Brèche renfermant des cailloux de quartz blancs, laiteux, hyalins et des fragments de grès très-argileux, le tout cimenté par des grès argileux calcarifères. Cette roche présente à sa surface beaucoup de cavités dues à la disparition des galets calcaires 7^m.

6. Poudingue à éléments irréguliers plus ou moins friable renfermant beaucoup de galets de quartz. Sa couleur est rouge ou jaune et sa stratification est irrégulière 4^m.

7. Grès calcarifère compacte dur présentant de nombreuses cavités 1^m.

8. Grès sableux très-friable, non calcarifère argileux, de couleur jaune, avec rares galets 3^m.

9. Sables rougeâtres et jaunâtres renfermant des galets plus gros à leur partie supérieure 3^m.

On observe dans cette assise plusieurs sortes de galets, les plus abondants sont formés de grès argileux jaunes un peu micacés, arrachés au terrain dévonien ; puis viennent des galets de quartz blanc grisâtre de la grosseur d'un œuf. Ceux qui proviennent des grès bigarrés sont les plus rares.

La base du n° 9 est au niveau du chemin qui

suit le bord de la mer ; si on se rapporte aux renseignements fournis par Armstrong, on serait en ce point très près du contact des terrains anciens, mais je n'ai pas été assez heureux pour les voir affleurer.

En se dirigeant vers Cala Figuera, on suit sur le bord de la mer des couches très-analogues à celles du nº 9 de la coupe précédente. A Cala Figuera, ces assises sont fortement colorées en rouge. Sur le plateau, elles renferment des Clypéastres et beaucoup d'empreintes de bivalves, *Lucina columbella* Lamck, *Tapes vetula* Baster., le *Psammechinus Serrezii* Desm. et de nombreuses *Operculines*.

Le plateau sur lequel est bâti Mahon, se termine vers l'Huerta de San Juan par une falaise escarpée dont les assises présentent des faits analogues aux précédents. On y constate que la partie supérieure des couches est fossilifère et ne renferme que de rares galets de quartz; au contraire la partie inférieure, est formée par des assises qui renferment de nombreux galets, arrachés au dévonien et au grès bigarré.

Maintenant, si l'on suit ces couches vers le fond de Cala Taulera, on voit qu'elles viennent s'appuyer contre d'anciennes falaises formées par les schistes ardoisiers dévoniens, redressés.

Des faits analogues peuvent encore s'observer sur une foule d'autres points des environs de Mahon.

Dans la région occidentale de l'île les couches miocènes sont à peu près horizontales; elles ne renferment pas de galets comme à Mahon. Au Nord-Est de Ferrerias entre Bini-Atroum et Montaneta, on voit un bel exemple d'ancienne vallée qui a été comblée par des calcaires à clypéastres horizontaux ne renfermant pas de galets. Près de Bini-Atroum et de Montaneta ils viennent s'adosser contre les grès bigarrés qui sont fortement relevés.

FIG. 51.

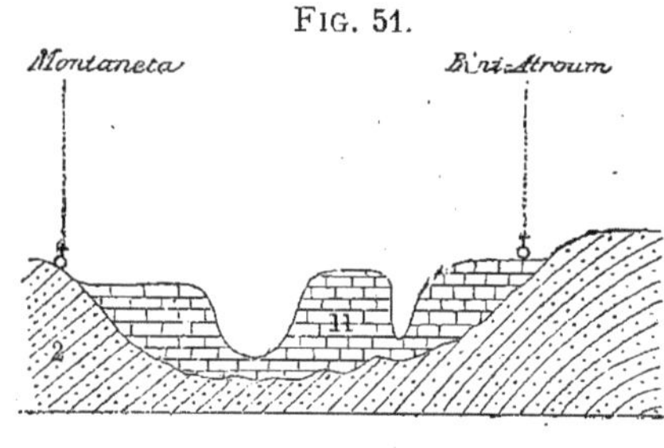

2. Grès bigarré.
11. Calcaire à Clypéastres.

Lorsque l'on part de Son Hermita pour se rendre à la Torre San Andria près de Ciudadella, on traverse d'abord des collines triasiques et dévoniennes qui circonscrivent de petites vallées au fond

FIG. 52.

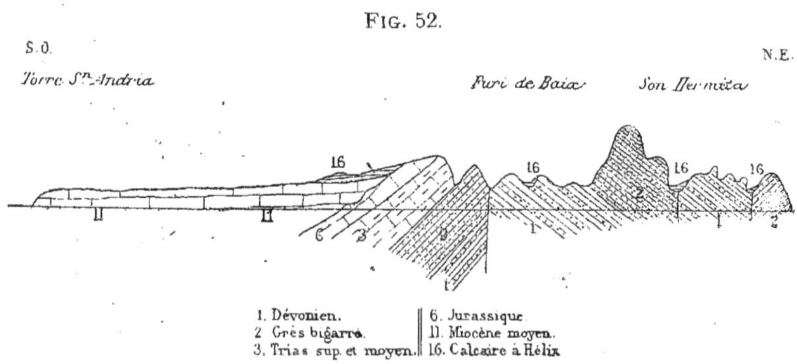

1. Dévonien.
2. Grès bigarré.
3. Trias sup. et moyen.
6. Jurassique.
11. Miocène moyen.
16. Calcaire à Hélix.

desquelles se trouvent de petits lambeaux de calcaire à helix.

Après avoir dépassé Furi de Baitx on rencontre une faille et l'on voit les grès bigarrés plonger assez fortement à l'Ouest ; ils sont recouverts par le trias moyen et supérieur, puis par les couches jurassiques qui ont le même plongement. C'est contre ces dernières assises que viennent s'adosser les couches du miocène moyen qui se continuent jusqu'à la Torre San Andria.

Je vais maintenant énumérer les principales localités fossilifères du plateau miocène.

A Santa Ponsa d'Alayor j'ai recueilli :

Carcharias megalodon.
Cardita crassicosta, Lamck.
Lucina Leonina, Bast.
Isocardia, spec.
Pecten nodosiformis, Pusch.
Pecten Besseri, Andr.

La localité de Santa Ponsa de Ferrerias est assez riche en Echinides, on y trouve :

Pecten præscabriusculus, Font.
Pecten, sp.
Hinnites, sp.
Terebratula, spec.
Argiope, spec.
Conoclypus plagiosomus, Ag.
Echinolampas hemisphæricus, Lamck.
Schizaster Parkinsoni, Agass.
Brissopsis crescenticus, Wright.

Brissopsis, spec.

Les divers torrents que l'on observe dans les environs de ces deux dernières localités peuvent fournir de bonnes coupes.

Les couches de San Cristobal fournissent aussi de nombreux échinides. J'y ai recueilli :

Pecten Besseri, Andr.
Conoclypus semiglobus, Lamck.
Clypeaster crassicostatus, Agass.
Clypeaster latirostris, Agass.
Clypeaster aff. *C. marginatus*, Lamck.
Echinolampas scutiformis, Leske, sp.
E. hemisphæricus, Lamck.
Schizaster Peroni, Cotteau.
S. scillæ, Leske, sp.

A Albrancar les fossiles sont plus rares, on y trouve :

Pecten Besseri, And.
Janira aff. *J. subbenedicta*, Font.
Terebratula, spec.
Ostræa Boblayi, Pesh.
O. plicatula, L. Gmel.

Les falaises et les vallées des environs de Ciudadella donnent aussi de bonnes coupes, mais elles sont beaucoup moins hautes que celles des *barrancos* des environs de Ferrerias et de San Cristobal. A Cala San Andria, j'ai vu des assises horizontales assez fossilifères, elles ont une dizaine de mètres de hauteur.

J'y ai recueilli les fossiles suivants :

Xenophorus burdigalensis, Grat.
Pecten præscabriusculus? Font.
P. latissimus, Broc.
P. aff. *P. camaretensis*, Font.
Janira aff. *J. Jacobæa*, Lin.
Ostrea lamellosa. Broc.
Terebratula. spec.
Clypteaster portentosus, Desmoulins.
C. aff. *C. altus*, Lam.

On voit en résumé que l'étude du tertiaire de Minorque est assez simple, et n'offre pas la complexité que l'on observe à Majorque. Les couches sont généralement horizontales, elles présentent une faune constante et bien connue, qui correspond à la base du miocène moyen.

On n'y observe pas les *Ostrea crassissima* que l'on trouve sur un certain nombre de points de la grande Baléare et qui caractérisent un niveau plus élevé de ce même étage.

II. COUCHES A OSTREA CRASSISSIMA.

Le miocène moyen se termine aux îles Baléares comme dans beaucoup d'autres localités, par les couches à *Ostrea crassissima*. Je n'ai pas pu voir la superposition directe de ces couches sur les calcaires à clypéastres, mais il ne peut y avoir aucun doute sur leur position, puisqu'elles sont recouvertes par le miocène supérieur auquel elles sont intimement liées.

C'est surtout dans la colline de Belver que les

assises à *Ostrea crassissima* sont bien développées.

Cette colline est située à deux kilomètres à l'Ouest de Palma, elle se trouve, ainsi que son nom l'indique, dans une situation très-pittoresque; sa base couverte de charmantes villas est baignée par la Méditerranée, et son sommet qui s'élève à 100 mètres au-dessus de la mer, est couronné par un vieux château féodal, chef-d'œuvre imposant de l'architecture militaire du XIVe siècle.

Pour voir le développement des assises à *Ostrea crassissima*, il faut remonter le torrent del Mal Pas, de façon à longer le bord Sud de la colline de Belver.

J'ai relevé la coupe suivante, de bas en haut, au-dessous de Bona Nova, en se dirigeant vers le Castillo:

1. Calcaire dur, compacte à sa partie inférieure, sans fossiles, de couleur gris-jaune 12m.
2. Calcaire désagrégé pétri d'*Ostrea crassissima* 1m.
3. Calcaire semblable au nº 1 6m.
4. Calcaire sableux jaune désagrégé 2m.
5. Calcaire pétri d'*Ostrea crassissima* 2m.
6. Calcaire, semblable au nº 1, 5m.
7. Poudingue à gros éléments 3m.
8. Calcaire jaune 3m. A la partie supérieure, on observe encore quelques rares *Ostrea crassissima*. Au milieu de ce banc, j'ai observé un lit de galets ayant 0m,10 d'épaisseur.
9. Calcaire sableux jaune 5m.

10. Calcaire sableux avec nombreuses *Ostrea crassissima*, $0^m,50$.

11. Calcaire jaune tendre 13^m.

12. Banc d'*Ostrea crassissima* $0^m,10$. Au-dessous, on voit un banc de galets peu épais.

13. Calcaire jaune tendre 4^m.

14. Banc de galets $0^m,20$.

15. Calcaire identique au n° 11 2^m.

16. Calcaire jaune assez friable avec galets 5^m.

17. Calcaire sableux jaune assez tendre 4^m.

18. Calcaire très-compacte 2^m.

19. Calcaire très-siliceux avec empreintes de gastéropodes 5^m.

20. Calcaire jaune assez tendre 8^m.

On voit d'après cette coupe que les assises à *Ostrea crassissima* ont une quarantaine de mètres d'épaisseur.

Ces huîtres sont si abondantes et de taille si gigantesque qu'on les emploie quelquefois dans la construction des murs.

Mais on remarquera aussi qu'à partir du banc n° 13, il y a une série de couches qui ne renferment plus d'*Ostrea crassissima*.

Ces couches dans lesquelles je n'ai pas trouvé de fossiles me paraissent devoir correspondre au miocène supérieur qui sera décrit plus loin, elles ont là une épaisseur de trente mètres et plongent légèrement vers l'Ouest ; sous le Castillo, ce plongement est de sept degrés.

La falaise de Furnaris au-delà de Puerto Pi,

montre encore les calcaires à *Ostrea crassissima*.

En partant de la mer, on a la coupe suivante de bas en haut :

1. Calcaire gris 10m.
2. Marnes calcaires et galets 3m.
3. Bancs de poudingues et de calcaires avec beaucoup de polypiers représentés par de nombreuses espèces d'un genre voisin des *astræa* 1m.
4. Poudingue 6m.
5. Calcaire gris avec *Ostrea crassissima* 15m.

Les couches plongent au Sud.

Cette coupe est prise au-dessous de la route de Palma à Andraitx. Sur la route même, affleurent des poudingues que je rapporte au terrain quaternaire.

Au Nord-Est de Palma, la colline sur laquelle est bâtie San Marcial, est formée en partie par les couches à *Ostrea crassissima*.

La base de la colline du côté de Marratxi est composée de marnes blanches que l'on voit sur dix mètres d'épaisseur environ. Au-dessus se montre un calcaire blanc, jaune ou rose, avec *Ostrea crassissima* et nombreuses empreintes de fossiles. Ces calcaires ont six mètres d'épaisseur.

Dans le village les roches de ce niveau qu'on retire des puits sont très-fossilifères, mais on ne trouve pas malheureusement les fossiles avec leur test ; j'y ai recueilli :

Conus (grande espèce).

Venus 2 sp.
Lucina Leonina, Bast.
Donax, sp.
Tellina, sp.
Cardium edule? Lin.

Ces assises plongent légèrement vers le Nord-Ouest; j'ai pu les suivre presque sans interruption jusqu'à la station de Marratxi. M. Bouvy les a considérées à tort comme appartenant au terrain crétacé supérieur.

Aux environs de San Marcial on rencontre des couches évidemment du même âge, mais qui ne sont pas fossilifères. Une colline située à l'Est vers le village de Marratxi montre la succession suivante de bas en haut:

1. Marnes blanches 20m.
2. Poudingue 0m,50.
3. Calcaire jaunâtre grenu subconcrétionné, friable par place et rempli de petites cavités 6m.

On trouve dans cette région à la base de ces calcaires un grand développement de marnes gris jaune et de calcaires marneux jaunâtres, contenant de très-petits grains de sables quartzeux, disséminés dans leur masse. Je ne puis me prononcer sur la place exacte que doivent occuper ces assises dans la série tertiaire.

Au Nord de la Bomba, on voit des faits analogues.

Près de Petra j'ai observé aussi les assises à *Ostrea crassissima*.

La colline d'Ariany montre en effet des couches horizontales de calcaires jaunes, plus ou moins sableux, accompagnés de marnes et de poudingues. Ces assises sont sensiblement horizontales; elles montrent à leur partie moyenne un banc de 0^m 80 à 1^m d'épaisseur, pétri d'*Ostrea crassissima*.

Ces fossiles sont surtout très-nombreux à Son Siurana, à peu de distance d'Ariany.

Dans ces environs, on voit des exemples multiples de discordance de stratification entre les assises miocènes et les couches plus anciennes. De l'étude stratigraphique de ces différents points, il m'a paru résulter que les calcaires à clypéastres manquaient dans cette région. Des couches analogues à celles que je viens d'étudier s'observent encore :

1. Près de Maria, dans le bas de la vallée.
2. Sur le chemin de Maria à Petra.
3. Au pied de la colline d'Ariany en descendant vers Maria.

A 300 mètres de ce point, jusqu'aux environs de Colomer, on marche sur des calcaires à grains fins, très-souvent jaunes, parfois rouges, à stratification horizontale, qui ressemblent aux couches des environs de Lluchmayor, que j'étudierai plus loin et que je place à un niveau plus élevé, c'est-à-dire dans le miocène supérieur.

Fig. 53.

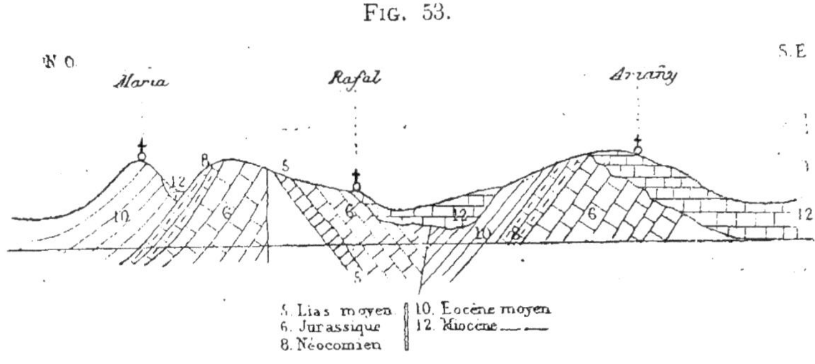

La coupe de Maria à Ariany, montre les principaux mouvements du sol qui se sont produits avant le dépôt du miocène dont les assises sont horizontales. A Maria, les couches sont fortement relevées, et l'on marche successivement en s'avançant du côté de Rafal sur les calcaires nummulitiques, sur le néocomien, puis sur les calcaires jurassiques. A mi-chemin, entre Maria et Rafal, une faille fait plonger les couches en sens inverse. Après avoir dépassé Rafal, on rencontre des calcaires miocènes qui sont horizontaux. Le petit bassin dans lequel ces couches se sont déposées est le résultat d'une faille qui a mis en contact les couches jurassiques et les couches nummulitiques. La forme affectée par ces couches est celle d'un V. Ce petit bassin a certainement été agrandi par les eaux de la mer miocène qui a raviné les couches sous-jacentes, mais son origine première est due, comme je l'ai déjà dit, à la disposition particulière des couches. En continuant à s'avancer vers le Sud-Est, on coupe les calcaires nummulitiques, le néocomien, puis on arrive aux couches horizontales du miocène moyen, qui doivent reposer sur le terrain jurassique à Ariany.

MIOCÈNE SUPÉRIEUR.

A la partie supérieure des couches à *Ostrea crassissima* on rencontre des assises qui renferment une très-grande abondance de petits cérites analogues à ceux qui caractérisent (1) les couches à cérites de Vienne et de la Hongrie : ces assises occupent une surface très-limitée dans les environs de Palma. Elles sont surmontées par les couches calcaires de la colline de Belver qui avaient été considérées par M. Haime, comme appartenant au pliocène marin et qui en réalité doivent se ranger dans la partie moyenne du miocène supérieur.

A douze lieues à l'Est de Palma, on observe un dépôt de calcaire blanc assez compacte, qui renferme de nombreuses empreintes de Mollusques. Les différentes espèces que j'ai pu déterminer, appartiennent soit à des espèces perdues, soit à

(1) Avec le *Cerithium pictum* et le *C. rubiginorum* on rencontre encore un certain nombre d'espèces nouvelles.

des espèces vivantes. On ne peut voir les relations de ces couches avec les calcaires de Belver, mais leur faune me fait supposer que ces assises sont plus élevées et qu'elles terminent le miocène supérieur dont elles seraient un des derniers termes.

Les couches à petits cérites sont bien visibles près de l'embouchure du torrent del Mal Pas, entre Corp Mari et El Terreno.

En partant de Corp Mari, on rencontre d'abord les dernières couches à *Ostrea crassissima*, puis les couches suivantes :

A

1. Marnes blanches avec *Ostrea crassissima* et beaucoup de petits cérites 15^{m}.

Cerithium rubiginosum ? Eich.

Cerithium affin. *C. Pictum*, Bast.

B

2. Marnes blanches, friables, avec quelques bancs calcaires; à la partie supérieure, on observe beaucoup de cérites 15^{m}.

Les principaux fossiles sont :

Ringicula buccinea, Broc.

Cerithium pictum, Bast.

C. affin. *C. rubuginosum*, Eich.

Arca turonica, Duj.

Janira subbenedicta, Font.

Ostrea lamellosa, Broc.

C

3. Calcaire renfermant de gros galets 4^{m}.

4. Calcaire gris 12^{m}.

5. Calcaire jaune renfermant parfois de petits galets calcaires 15^{m}.

6. Calcaire assez dur avec cavités, et présentant à la partie supérieure quelques galets 10^{m}. On y rencontre beaucoup d'empreintes de fossiles parmi lesquelles on reconnaît les espèces suivantes :

Conus ventricosus, Bronn.
Mitra, spec.
Murex brandaris. Linn.
Ancillaria glandiformis, Lamck.
Lucina columbella, Lamck., spec.
Arca diluvii, Lamck.
Lucina columbella, Lamck.
Cardium aff. *C. edule*, Lin.
Tellina lacunosa, Chem.

Ce banc se trouve sur le bord du flanc gauche du torrent ; il plonge de neuf degrés au Sud-Est.

7. Calcaire jaune compacte assez dur 3^{m}.

8. Calcaire dur avec galets calcaires 5^{m}.

9. Marnes calcaires jaunes friables 3^{m}.

10. Calcaire très-dur avec quelques empreintes fossilifères, surtout à la partie supérieure (*Tellina lacunosa*, *Lucina columbella*) 4^{m}.

11. Calcaire jaunâtre dur 0^{m},65.

Contre ces assises viennent s'appuyer en stratification discordante, des poudingues appartenant à la formation quaternaire. Ils acquièrent une assez grande puissance à la base de la colline de Belver.

La coupe précédente nous montre donc la succession suivante :

A. Couches à *Ostrea crassissima*.

B. Couches à *Cerithium pictum.*

C. Calcaire de Belver à *Tellina lacunosa*, *Lucina columbella* et *Cardium edule* (Var.)

Ces assises sont bien développées dans les environs de la colline de Belver, car on les retrouve dans la direction de Puerto Pi; là on voit les calcaires marneux à petits cérites, accompagnés d'argiles rouges.

Ces dernières couches, dans lesquelles j'ai trouvé l'*Arca Barbata* Einn. (var.) s'observent encore à Bona Nova, au-dessus des *Ostrea crassissima;* enfin, les calcaires de Belver se voient sur divers points entre Bona Nova et Puerto Pi; j'y ai recueilli, en outre, *Lima inflata*, Chemn, des *Cardium*, *Cypricardia* et *Arca.*

Plateau méridional de Majorque.

La partie la plus méridionale de Majorque forme un plateau qui est constitué par des calcaires compactes, renfermant beaucoup d'empreintes de mollusques.

Aux environs de Lluchmayor, Campos et Santany, le plateau dont je viens de parler se termine vers la mer, par des falaises escarpées, montrant des assises horizontales.

L'aspect d'une région calcaire formée de couches horizontales contraste singulièrement avec l'aspect si bouleversé des régions voisines, dont les couches appartiennent à des dépôts plus anciens; il en résulte un caractère particulier qui frappe de suite l'observateur et qui lui rappelle la forme générale du plateau miocène de Minorque. M. Bouvy, trompé par cette disposition, considéra comme appartenant au pliocène les plateaux de Majorque et de Minorque dont il a été question. Cependant le plateau méridional de Majorque appartient, comme on va le voir, au miocène supérieur et celui de Minorque aux calcaires à clypéastres ; ce dernier horizon n'était cependant pas inconnu de M. Bouvy, puisqu'il avait distingué par une teinte spéciale, les calcaires à clypéastres des environs de Muro.

Ces confusions ne peuvent s'expliquer que par la ressemblance orographique des plateaux de Majorque et de Minorque.

Je vais maintenant passer en revue les principales localités où l'on peut étudier facilement les calcaires de Santany.

1. *Environs de Santany.*

A la Cala de Santany sur le flanc droit de la vallée, on voit la succession suivante à partir du niveau de la mer :

1. Calcaire dur, compacte blanc avec cavités et empreintes de bivalves ; 1^m.

2. Calcaire blanc, tendre, avec beaucoup d'*Ostrea* et de *Ditrupa*, *Pecten subbenedictus*, *Lima ;* 1^m. Latéralement ce banc se transforme à quelques mètres de distance en

un calcaire très-dur ressemblant au n° 1 et contenant également des huîtres.

Toutes ces assises sont horizontales.

Sur le flanc gauche de la vallée on observe une succession analogue, cependant je n'ai pas trouvé dans les assises inférieures, les huîtres qui sont si fréquentes dans le banc n° 2 de la coupe précédente, mais en revanche j'y ai recueilli beaucoup d'empreintes de fossiles. Je citerai :

Monodonta Araonis, Baster.
Turbo muricatus, Dujard. (var.)
Trochus, nov. sp.
Cerithium vulgatum (*C. Salmo* Bast.) Brug.
Cerithium scabrum, Olivi.
Haliotis tuberculata, Lin.
Emarginula, nov. spec.
Lithodomus, spec.
Lucina reticulata, Poli.

A Santany même, les calcaires n° 4 sont exploités, ils donnent une excellente pierre de taille connue dans le pays sous le nom de *tapa*. Je n'ai pas trouvé de fossiles dans les assises supérieures que j'ai observées également dans le chemin d'Alcaria Blanca et dans les environs du puig de Nostra Senora de la Consolacion, elles présentent toujours le même caractère; on peut les suivre sur la route de Felanitx jusque près de Cas Concos, et vers l'Ouest jusque dans les environs de las Salinas où elles se trouvent recouvertes par les dépôts quaternaires à helix.

2° *Environs de Lluchmayor.*

Ces environs présentent peu de coupes; j'ai recueilli à un kilomètre au Sud-Ouest de Lluchmayor dans un calcaire compacte de nombreuses empreintes de petits gastéropodes, parmi lesquels domine un cérite qui se retrouve dans les couches à *cardium edule* que l'on rencontre sur la route de Palma à Lluchmayor.

De Lluchmayor au cap d'Enderrocat on marche longtemps sur ces assises avant de rencontrer le dépôt quaternaire à helix.

Au Nord et à l'Ouest de Lluchmayor, c'est-à-dire vers la région accidentée de Randa, ces couches prennent le caractère de dépôt de rivage.

Sur le chemin de Lluchmayor à Porreras, avant d'arriver à la région nummulitique, on traverse une vallée qui montre de haut en bas la succession suivante :

1. Calcaire jaune rougeâtre assez tendre 2^{m}.
2. Calcaire rouge très-dur, et galets 0^{m} 50.
3. Calcaire marneux jaune tendre 2^{m}.

Au milieu on voit un banc de conglomérat de 0^{m} 10.

Sur le flanc gauche de la vallée, on constate que les assises précédentes qui sont horizontales viennent buter contre les assises nummulitiques qui sont fortement inclinées; elles contiennent ici beaucoup de galets.

Le plateau de Lluchmayor est séparé de la plaine de Palma par une série de petits escarpements dont la direction générale est Nord-Sud.

La route de Palma à Lluchmayor, coupe près de l'ancien marais du Pratt, des calcaires remplis d'empreintes de *Cardium edule ;* on y trouve encore un petit cérite voisin du *C. rubiginosum* Eichw.

Plus au Nord, la route de Palma à Algaida traverse encore près de Son Gual des calcaires qui sont pétris d'empreintes appartenant à une *Venus* très-voisine, sinon identique à la *Venus senilis* Broc.

Avant de terminer l'étude du miocène supérieur, je dois encore signaler un petit dépôt isolé renfermant des empreintes de Cardium et de Melanopsis qui rappellent les espèces des couches à congéries,malheureusement je n'ai pu voir leurs rapports avec les différentes assises du miocène supérieur.

Cette petite formation saumâtre se trouve près de Son Crespi, elle est composée de bancs calcaires assez tendres avec

Melanopsis, nov. spec.

Cardium. affin. *C. carinatum*, Desh.

C. aff. *C. protenue*, Mayer.

CABRERA.

Dans l'île de Cabrera, à 500 mètres à l'Ouest de Cala Ambotxa, on voit en stratification horizontale des assises qui viennent s'appuyer contre les calcaires secondaires qui plongent vers le cap de Calabaza.

Ces couches qui sont formées de bancs de poudingues et de bancs calcaires sans fossiles, rappellent les calcaires du miocène moyen, par leur aspect et leurs rapports stratigraphiques avec les couches plus anciennes.

Résumé.

Le miocène débute comme on vient de le voir, par sa partie moyenne, le terme inférieur n'étant pas représenté.

Son épaisseur totale peut atteindre 200 mètres.

Le miocène moyen (120^{m}) présente deux subdivisions; la subdivision inférieure (70^{m}) est formée par les calcaires à clypéastres. Cet horizon renferme la même faune qu'en Algérie, en Sardaigne et en Corse; elle présente parfois à sa base des bancs de galets. La subdivision supérieure (40^{m}) est moins importante, elle est formée par les couches à *Ostrea crassissima* qui renferment déjà de petits cérites.

Le miocène supérieur (90^{m}) commence par les couches à *Cerithium pictum* intimement liées aux assises supérieures du miocène moyen. M. Munier-Chalmas a observé le même fait en Hongrie, à Rakos et à Biya. Cet étage se termine aux environs de Palma par les calcaires de Belver (50^{m}) à *Tellina lacunosa*.

Il existe encore un troisième horizon qui se

rapporte au miocène supérieur, ce sont les calcaires de Santany. Ces couches renferment des espèces vivantes et des espèces perdues qui appartiennent à des couches plus anciennes que le pliocène. On ne peut voir les rapports stratigraphiques de ces assises, mais leur faune fait penser qu'elles sont plus récentes que les calcaires de Belver, l'épaisseur de ce dépôt (20^{m}) n'est connue qu'approximativement.

Je termine en rappelant que j'ai rencontré des bancs calcaires avec des *Cardium* et des *Melanopsis* dont les formes sont voisines de celles que l'on rencontre dans les dépôts aralo-caspiens.

Historique.

Armstrong figura le premier, quelques fossiles miocènes de Minorque.

La Marmora indiqua les dépôts calcaires de Muro (miocène moyen) et les couches à grandes huîtres (*Ostrea crassissima*). Mais c'est dans la note de M. Haime que l'on trouve les premiers renseignements précis :

« La formation miocène, dit-il, paraît être re-
« présentée à l'île Majorque par plusieurs petits
« bassins isolés. Les principales localités où elle
« a été signalée sont la Randa et Muro. J'ai vu
« plusieurs échinodermes provenant de ce dernier
« point et qui se rapportent tous à l'*Echinanthus*
« *gibbosus*, espèce très-commune en Corse, près
« de Bonifacio et à Santa Manza. M. de la Mar-

« mora a recueilli sur le versant Nord-Ouest de « Belver une grande huître qu'il a rapportée avec « raison à l'*Ostrea longirostris* de Lamark (1) la« quelle est propre comme on sait à la formation « tertiaire moyenne. Dans les marnes grises de « Deya, que le même auteur hésite à placer dans « le terrain secondaire, j'ai trouvé à mon tour « une seconde espèce du même genre qui appar« tient au même étage, *Ostrea crassissima*. Enfin « j'ai observé dans la collection de M. Conrado « un crustacé qui, à en juger par la nature de la « roche qui l'empâtait, doit provenir des mêmes « marnes : c'est *Cyphoplax impressa*, cité par « Desmarest comme fossile du Monte Mario près « de Rome. »

M. Bouvy décrivit en quelques mots les dépôts miocènes ; il les figure sur sa carte géologique aux environs de Muro, les fossiles prédominants sont suivant lui *O. crassissima*, *O. longirostris* (2) et *Clypeaster umbrella*.

Je n'ai pas recueilli la première de ces espèces à Muro, mais en revanche je l'ai trouvée sur beaucoup d'autres points indiqués par M. Bouvy comme appartenant au pliocène. (Belver, Ariany, San Marcial).

---

(1) Il y a évidemment ici une erreur de détermination. L'auteur a voulu très-probablement parler de l'*Ostrea crassissima* qui est très-commune à Belver.

(2) Cette espèce est encore indiquée ici par erreur.

En terminant, je dois rappeler que les couches du miocène supérieur ont été souvent considérées comme des dépôts pliocènes.

PLIOCENE.

Le pliocène est représenté aux îles Baléares par une formation lacustre peu étendue ; je n'ai vu aucun dépôt qui puisse être rapporté au pliocène marin.

CALCAIRES LACUSTRES A PHYSA JAIMEI.

A l'Est de Palma, on voit sur le bord de la mer une série de petites collines formées par des calcaires quaternaires qui sont exploités sur beaucoup de points.

Entre ces collines et la route de Lluchmayor on trouve à la surface du sol des bancs de calcaires siliceux gris très-compactes et très-résistants qui sont employés à l'entretien des routes. Lorsque l'on examine attentivement ces différents bancs, on ne tarde pas à y rencontrer de nombreux mollusques fluviatiles. Malheureusement on ne trouve aucune carrière où ces couches soient exploitées. Les paysans se contentent de ramasser les pierres dans leurs champs et de les porter sur le chemin. Cependant comme ces calcaires occupent la partie basse de la plaine et que la colline voisine est formée par des dépôts quaternaires horizontaux, leur position au-dessous de cette dernière formation ne saurait être douteuse.

Ces couches sont ordinairement formées de calcaires très-durs, cependant j'ai trouvé une localité où elles sont peu résistantes. Près des carrières du Coll d'en Rebasa, on rencontre une couche de calcaire marneux désagrégé jaunâtre dans laquelle on voit de nombreux exemplaires de fossiles lacustres bien conservés :

Je citerai :

Melania tuberculata, Müller.
M. Heberti, Herm.
Lymnœa Vidali, Herm.
Physa Jaimei, Herm.
Paludestrina Tournoueri, Herm.
P. Fischeri, Herm.

Cette liste renferme cinq espèces éteintes, et une espèce actuelle la *Melania tuberculata* qui ne vit plus aux îles Baléares mais qui se retrouve sur une foule de points du littoral méditerranéen.

Si l'on prend en considération la position stratigraphique du dépôt dont je viens de parler et si l'on tient compte des cinq espèces perdues que j'ai indiquées, on sera conduit à le placer dans le pliocène.

Le lac dans lequel vivait la *Physa Jaimei* n'avait pas une très-grande extension, car je n'ai trouvé de dépôt analogue sur aucun autre point des îles Baléares.

Malheureusement l'impossibilité de trouver des coupes, empêche d'établir les rapports de cette formation lacustre avec les autres dépôts tertiaires.

Historique.

Je n'ai encore rencontré aux îles Baléares aucun dépôt marin que l'on puisse rapporter au pliocène. Il n'existe à ma connaissance qu'un seul dépôt lacustre qui soit contemporain de cet étage, je dois rappeler cependant qu'un certain nombre de couches tertiaires ont été considérées à tort comme appartenant au pliocène.

M. Haime dans sa notice sur la géologie de Majorque s'exprime ainsi :

« La base de la colline de Belver appartient selon « toute apparence à la formation tertiaire supé- « rieure. Les fossiles qu'elles renferment sont :

« *Voluta olla*, Linné ;
« *Conus Mercati*, Brocchi ;
« *Tellina lacunosa*, Chemnitz ;

« qui se rencontrent dans les dépôts subapennins « de l'Italie et existent encore dans les mers ac- « tuelles mais seulement dans les mers chaudes et « qu'on ne retrouve plus dans la Méditerranée. »

J'ai vu dans la collection de M. Hébert (1) deux

(1) M. Haime a donné à M. Hébert les fossiles qu'il avait recueillis à Majorque.

des échantillons déterminés par M. Haime. Le premier, *Tellina lacunosa*, se rapporte bien à cette espèce ; le second, *Conus Mercati*, est indéterminable. Du reste ils proviennent des couches à *Lucina columbella* de Belver, qui appartiennent comme je l'ai démontré au miocène supérieur.

M. Bouvy admet aussi l'existence du pliocène à Majorque. Sur sa carte la teinte qui correspond à ce terrain couvre la partie centrale de l'île et occupe une surface considérable. Suivant cet auteur les plateaux élevés des trois îles appartiendraient à cette formation ; j'ai déjà fait remarquer que pour Minorque, cette assertion est inexacte puisque le plateau tertiaire de cette île est formé par les calcaires à Clypéastres. Quant au pliocène de Majorque, voici toujours d'après le même auteur quelle serait sa composition.

De haut en bas :

1. Calcaire siliceux, caverneux, avec infiltration de spath calcaire ; grande abondance de silex pyromaques sur quelques points.
2. Sable ou macigno composé d'une agrégation de grains calcaires appartenant au terrain secondaire avec des fragments de coquilles cimentés par une pâte calcaire.
3. Alternance de ces sables avec des marnes sableuses.
4. Calcaire lacustre jaunâtre caverneux, en couches minces avec Lymnées, Helix.
5. Argile ou marne bleue.

6. Conglomérats.

Suivant M. Bouvy on trouverait dans les assises 1, 2 et 3 *Voluta olla*, *Conus Mercati*, *Tellina lacunosa*, *Cardium* et diverses espèces de *Pecten*.

La colline de Belver qui est située près de Palma a dû être bien étudiée par ce géologue ; elle est indiquée comme appartenant au terrain pliocène.

Or j'ai montré précédemment qu'elle était formée par les couches à *Ostrea crassissima* et par les assises du miocène supérieur.

Malgré mes recherches je n'ai pu reconnaître la succession indiquée par M. Bouvy ; d'ailleurs la composition de cette prétendue formation pliocène, n'est pas aussi simple que veut bien le dire cet auteur, puisque la teinte avec laquelle il l'a représentée, correspond aux formations suivantes :

1° Terrain lacustre (éocène inférieur).
2° Assises à Ostrea crassissima (miocène moy.)
3° Miocène supérieur.
4° Pliocène lacustre.
5° Calcaire quaternaire à helix.

Comme on le voit, il s'est glissé beaucoup d'erreurs dans l'étude du terrain tertiaire supérieur de cette région.

TERRAIN QUATERNAIRE.

Les dépôts quaternaires de Majorque et de Minorque sont tout à fait indépendants des autres formations.

Les eaux qui les ont déposés ont creusé des vallées profondes aussi bien dans les terrains tertiaires que dans les terrains crétacé, jurassique et primaires. Quelques-unes d'entre elles doivent leur creusement à la seule action mécanique des eaux, ce sont par excellence des vallées d'érosion; d'autres au contraire ont eu pour point de départ des failles ou des plissements qui ont été agrandis et modifiés postérieurement par l'action des courants.

Avant la période quaternaire je n'ai constaté aucune vallée d'érosion semblable à celles qui ont été creusées par les eaux quaternaires. Cependant j'ai déjà indiqué par des coupes que quelques vallées assez étroites existaient à l'époque miocène; mais il faut leur attribuer une origine différente; elles sont en effet le résultat de plissements ou de failles et l'action érosive des eaux n'est entrée que pour une bien faible part dans leur formation. Sur quelques points de l'Europe, il existait déjà quelques petites vallées d'érosion à l'époque pliocène, mais ce ne sont que des exceptions, car il est certain que les grandes vallées d'érosion n'apparaissent qu'à partir de la période quaternaire.

Tous les dépôts dont nous nous occupons appartiennent à des formations marines. Ce sont en général des couches qui renferment à leur base des *Cardium edule* et une très-grande quantité de mollusques marins ; elles se terminent par de puissantes strates de calcaires à helix et à cyclostomes qui ont été déposées par des eaux marines, ces dernières assises renferment encore par place des mollusques marins très-petits et de nombreux foraminifères.

Il existe encore dans les environs de Palma une autre formation dont je n'ai pas pu voir les rapports stratigraphiques, ce sont des couches de galets qui ne renferment aucune trace de restes organisés. Je ne sais si elles sont contemporaines ou plus récentes que les autres dépôts quaternaires.

COUCHES A CARDIUM EDULE ET STROMBUS MEDITERRANEUS.

Le terrain quaternaire de Majorque qui a déjà été étudié par M. Haime commence par un poudingue renfermant des galets appartenant généralement aux terrains secondaires. Ils sont cimentés par un calcaire jaune rougeâtre composé de fragments agglutinés, et renferment en abondance de nombreux mollusques parmi lesquels domine le *Cardium edule*.

M. Haime avait déjà observé ces couches à l'Est de Palma et à la Cueva de la Hermita près d'Arta.

Il cite :

Strombus mediterraneus, Duclos. Est de Palma
Conus mediterraneus, Hvass in Brug. E. de Palma.
Murex trunculus, Linné. E. de Palma.
Vermetus triqueter, Bivona. Cueva de la Hermita.
Arca Noœ, Linné. E. de Palma.
Arca barbata, Linné. E. de Palma.
Mactra corallina, Linné. E. de Palma.
Venus gallina, Chemnitz. E. de Palma.
Cardium rusticum, Linné. E. de Palma.
Cardita calyculata, Brug. Cueva de la Hermita.
Chama gryphoïdes, Linné. Cueva de la Hermita.
Pectunculus violacescens, Linné. Cueva de la Hermita.

M. Haime fait remarquer que la faune de ces deux localités présente des différences notables.

Je dois faire remarquer de suite que ces différences ne tiennent pas à la répartition des mollusques dans deux niveaux, mais bien à de simples différences d'habitat.

J'ai constaté que les couches quaternaires fossilifères ne se montraient que dans un nombre de localités, assez restreint.

C'est près de Palma qu'elles sont le mieux développées et que l'on y rencontre le plus de fossiles.

A une lieue à l'Est de Palma, on voit à droite et à gauche du télégraphe à signaux, établi sur le bord de la mer, un grand nombre de coquilles dans un poudingue formé de galets assez gros et cimenté par un calcaire jaune composé de fragments agglutinés, le poudingue varie beaucoup d'épaisseur, il a 1^m ou 1^m 50 de chaque côté du télégraphe, mais entre ce point et la mer il est réduit à 0^m 20. Parfois même, il paraît manquer.

Son altitude ne dépasse jamais 5 ou 6 mètres.

Au télégraphe on voit au-dessous de cet horizon, un calcaire identique à celui qui est exploité au Coll d'en Rebasa et que je désigne sous le nom de calcaire à helix; mais cette localité est une exception, car ce dernier dépôt se trouve toujours à la partie supérieure des couches à *Cardium edule;* il s'élève jusqu'à 80 mètres d'altitude environ.

Le fait que je viens de citer est intéressant parce qu'il démontre que les couches à *Cardium edule* peuvent être considérées comme un faciès particulier des couches inférieures du même dépôt.

J'ai trouvé d'ailleurs au télégraphe même, les gastéropodes terrestres mélangés avec les coquilles marines; j'ai encore recueilli dans ce point, à

30 centimètres au-dessus des fossiles marins, beaucoup d'helix.

En continuant à s'éloigner de Palma et en suivant le bord de la mer, on voit à 1 kilomètre du télégraphe des poudingues très-fossilifères, qui ont 2 mètres d'épaisseur visible et dont la partie inférieure s'enfonce dans la mer ; immédiatement au-dessus viennent les calcaires à helix et à cyclostomes.

On constate dans les environs de ce point des localisations de fossiles assez remarquables. Ainsi à 500 mètres plus à l'Est, on ne trouve guère dans ces poudingues que des bivalves.

Ces conglomérats ne se voient que sur le bord de la mer.

Voici la liste des fossiles que j'ai recueillis dans ces assises :

Helix Companyoni, Aléron.
Patella punctata, Lamck.
P. tarentina, Lamck.
Turbo, spec.
Trochus turbinatus, Born.
Natica Guillemini, Perodot.
Cerithium vulgatum, Brug.
C. scabrum, Olivi.
C. affin. *C. rubiginosum*, Eich.
Triton olearium, Desh.
Purpura hæmastoma, Linn.
Murex trunculus, Linn.
Cassis saburon, Brug.

Strombus mediterraneus, Duclos.
Conus mediterraneus, Brug.
Donax venustus, Poli.
Mactra corallina, Linné.
Cardita calyculata, Linn.
Chama, gryphoïdes, Linn.
Cardium tuberculatum, Linn.
Venus, spec.
Arca Noœ, Lin.
Arca barbata, Lin.
Arca clathrata, Defrance.
Pectunculus violacescens, Lamck.
Spondylus gœderopus, Linn.

Toutes ces espèces sont encore vivantes dans la mer Méditerranée, sauf le *Strombus mediterraneus* Duclos, qui est une espèce perdue, peut-être synonyme de *Strombus coronatus* Defr., espèce du miocène moyen et du pliocène. Il faut encore ajouter que cette espèce serait selon M. P. Fischer très-voisine du *Strombus bubonius*, Lamck. qui vit encore sur les côtes des îles du Cap Vert.

Manacor.

Près de la grotte de Manacor on observe sur le bord de la mer les mêmes calcaires qu'au Coll d'en Rebasa ; ils contiennent parfois des galets et renferment en très-grande abondance le *Cardium edule* et des *Hydrobia*.

Leur épaisseur est de quatre mètres. Si les fossiles sont abondants le nombre des espèces est très-restreint.

Cueva de la Hermita.

Au Sud-Est d'Arta, sur la rive gauche du torrent de Canamel et près de son embouchure, on rencontre au pied du chemin qui monte à la grotte, les mêmes calcaires qu'au Coll d'en Rebasa, mais là ils renferment beaucoup de galets et de fragments anguleux de roches grisâtres. La mer quaternaire devait battre avec une grande violence contre le pied de l'escarpement où elle a laissé ces dépôts si bouleversés. J'ai recueilli en ce point :

Strombus mediterraneus, Duclos.
Cardium edule, Lin.
Cardium tuberculatum, Lin.
Arca Noœ, Lin.
Pectunculus violacescens, Lamck.
Etc.

Au milieu de la vallée on peut suivre ces couches, mais elles ne paraissent pas très-fossilifères.

Sur le flanc droit, j'ai revu les mêmes poudingues fossilifères surmontés de bancs calcaires perforés par des mollusques lithophages.

La coupe ci-jointe montre la succession dont je viens de parler ainsi que la discordance qui existe entre les poudingues à *Cardium edule* et les dépôts plus anciens.

FIG. 54.

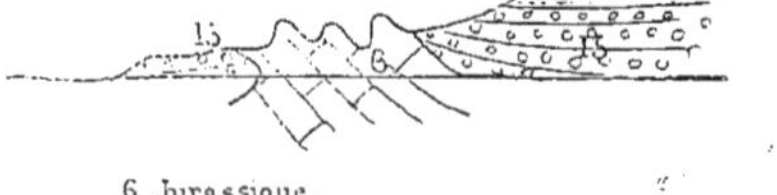

6 Jurassique.
15. Quaternaire à cardium edule.
16. ——— „ ——— à Hélix.

L'épaisseur des poudingues peut être évaluée à quatre mètres et celle des calcaires supérieurs à dix mètres.

Camp del Mar.

Sur le bord de la mer, au Sud d'Andraitx, j'ai observé un poudingue à gros éléments, ressemblant beaucoup à celui du Coll d'en Rebasa. A cause de la dureté de la gangue il est difficile d'extraire les fossiles.

J'y ai recueilli :

Strombus mediterraneus, Duclos.
Conus mediterraneus, Brug.
Cassis Saburon, Brug.
Cardium rusticum (*tuberculatum*). Linn.
Pectunculus violacescens, Lamck.

On voit en résumé qu'à la base de la formation quaternaire marine, il y a sur quelques points à un niveau très-peu élevé au-dessus de la mer des poudingues fossilifères.

CALCAIRE A HELIX.

Nous avons vu qu'au-dessous des couches à *Cardium edule* on commençait déjà à trouver des calcaires à helix, mais ce fait n'est qu'une exception, car les assises que j'ai désignées sous ce nom recouvrent les couches à *Cardium edule* dans toutes les autres localités où j'ai pu les voir.

Les calcaires à helix ont des caractères minéralogiques très-constants ; ils se présentent toujours sous le même faciès à Majorque et à Minorque. Ils donnent une excellente pierre de construction très-légère, assez tendre pour être taillée aisément et possédant néanmoins une grande cohésion. Deux auteurs (Tosca, *Curso de matematicas*, — Mut, *Arquitectura militar*) disent que la pierre de Majorque résiste admirablement à l'effet destructeur de l'artillerie.

Les principaux monuments de Palma, la Lonja, la Cathédrale, les fortifications, etc., sont construits avec les calcaires quaternaires. Cette pierre offre pour les constructions l'avantage de pouvoir être sciée en plaques minces. Les principales exploitations de l'île se voient à peu de distance à l'Est de Palma, près du petit village du Coll d'en Rebasa. C'est dans cette localité que l'on a extrait presque tous les matériaux qui ont servi à bâtir la capitale de Majorque. Ces calcaires sont si appréciés des habitants que les gisements très-peu étendus d'Estellenchs, d'Andraitx, du Camp del Mar, etc., sont exploités de préférence, malgré la grande abondance des couches calcaires situées à proximité de ces points.

Je vais maintenant passer en revue les différentes parties de Majorque où l'on peut étudier cette formation.

I. RÉGION SEPTENTRIONALE ET RÉGION OCCIDENTALE.

Sur la côte Nord de l'île, la rapidité des escarpements qui forment souvent des falaises à pic, nous fait prévoir qu'il y a fort peu de chance de rencontrer ces couches qui se sont déposées dans les inégalités préexistantes du sol.

Je n'ai rencontré en effet dans cette région qu'un seul affleurement de calcaires à helix situé près du puerto d'Estellenchs; au point où le torrent se jette dans la mer on voit les calcaires à helix sur quelques mètres de hauteur. Ce gisement a fort peu d'importance; il est recouvert en partie par les alluvions récentes du torrent, mais il a néanmoins donné lieu à une petite exploitation.

Dans la région occidentale depuis l'île de Dragonera jusqu'au cap de Cala Figuera, les couches que je décris sont mieux développées.

Je les citerai d'abord près de l'ermitage de San Telmo et près de Cala Escanys où elles sont exploitées.

Au puerto d'Andraitx on les observe au niveau de la mer; elles ont quinze mètres d'épaisseur environ.

J'ai recueilli dans une carrière de petits fossiles marins, mélangés avec des mollusques terrestres:

Cerithium scabrum, Olivi.
Rissoina Brugnierei, Payr.

Turbonilla pusilla, Phil.
Helix Companyoni, Aléron.
Cyclostoma ferrugineum, Lamck.

En face de cette carrière, de l'autre côté du puerto, on voit affleurer ces mêmes calcaires.

En remontant la vallée d'Andraitx j'ai vu, notamment près de Can Guiamoy quelques affleurements de ces couches. J'ai constaté qu'à leur base se trouvait un lit de cailloux tantôt arrondis, tantôt à arêtes vives ; quelques-uns d'entre eux avaient le volume d'un cube de 0m 25 de côté.

Si l'on continue à suivre ces dépôts le long de la mer en se dirigeant vers le cap de Cala Figuera, on les rencontrera d'abord au Camp del Mar, où ils sont exploités dans une carrière qui a 8 mètres de hauteur environ. On les observe aussi près du cap d'Andrixot ; mais ils s'éloignent fort peu du rivage dont ils suivent les contours.

Mais aux environs de Santa Ponsa, les affleurements de ces couches ont plus d'étendue.

Une colline située sur le bord de la mer, à l'Ouest de Santa Ponsa, montre des calcaires à helix qui viennent buter contre le néocomien ; de l'autre côté de la vallée on voit 15 mètres de couches semblables avec quelques fossiles marins *Arca spec.*, etc.

Dans l'intérieur des terres, sur le chemin de Santa Ponsa à Porassa, on peut les suivre sur une longueur de quelques kilomètres. C'est la première fois que nous voyons les dépôts quaternaires s'éloigner un peu de la mer.

II. RÉGION MÉRIDIONALE.

Dans la partie méridionale de l'île, les couches qui nous occupent acquièrent un assez grand développement.

A une lieue à l'Est de Palma, au petit village du Coll d'en Rebasa, on voit une série de petites collines formées par les calcaires à helix. De nombreuses carrières permettent de faire une étude complète de ce terrain.

Avant de traverser le torrent qui coule au pied du village, on rencontre sur la rive droite un affleurement de ces calcaires ; ils sont très-friables, et renferment beaucoup de grains de quartz.

Sur le bord de la mer on constate sur beaucoup de points l'existence des poudingues à *Cardium edule* dans lesquels on rencontre parfois des gastéropodes terrestres, mais ces derniers mollusques abondent surtout dans les couches supérieures.

J'y ai recueilli les espèces suivantes :

Bulimus, spec.
Helix Companyoni, Aléron.
Helix Caroli, Dohrn (var.).
Cyclostoma ferrugineum, Lamck.

Au Coll d'en Rebasa, on remarque de petites dunes, elles sont dues à la désagrégation des calcaires quaternaires et elles s'observent dans des conditions analogues sur beaucoup d'autres points particulièrement à Minorque.

Au Sud de Lluchmayor, vers le cap d'Enderocat j'ai observé aussi les calcaires à helix qui couvrent dans cette région una surface considérable de terrain. Je les ai également observés au village de las Salinas.

Dans la région montagneuse d'Arta on voit sur divers points la formation quaternaire; d'abord près de la Cueva de la Hermita, puis aux environs de Cap de Pera. Ce village est bâti en partie sur les calcaires à helix qui s'élèvent ici à une grande hauteur au-dessus de la mer, environ 70 mètres : on les observe encore à une altitude inférieure notamment au Puerto.

FIG. 55.

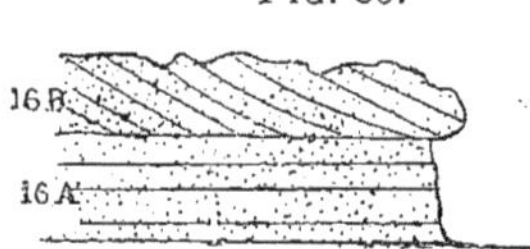

La figure ci-contre montre que les calcaires à helix présentent dans ce point; à leur base des bancs horizontaux; à leur partie supérieure des couches fortement inclinées indiquant une stratification de courant rapide.

Sur la route d'Arta à Santa Margarita, en quittant la région montagneuse, on retrouve les calcaires à helix au-dessus de Son Morell à une altitude de près de 80 mètres ; on les observe encore au-dessous de Son Morell, à Canovas, Son Serre, Son Dobblons, etc.

Les fossés des fortifications d'Alcudia sont creusés dans les calcaires à helix que l'on peut suivre sur le bord de la mer en marchant vers la torre du cap del Pinar.

MINORQUE.

Les calcaires à helix sont bien représentés à Minorque. La Marmora avait déjà signalé leur présence à Ciudadella, à Mercadal et à Fornells.

Comme à Majorque, c'est principalement le long des côtes que l'on observe la formation quaternaire. Près Pou den Calas on rencontre six mètres de calcaire à helix en couches horizontales, il repose sur le dévonien et renferme des fragments anguleux de grès verdâtres arrachés à ce terrain.

Près de Montgofre Nau, on voit sur la colline et dans le fond de la vallée qui forme le prolongement du golfe, divers gisements quaternaires. Sur le flanc opposé, à 30 mètres au-dessus de la mer se trouve un bel affleurement de calcaire quaternaire, il recouvre en ce point le trias.

Sas Covas Vellas est bâti sur le calcaire à helix qui s'est déposé dans un petit bassin creusé au milieu du trias supérieur.

En descendant vers la vallée on rencontre un autre lambeau des mêmes assises, qui repose sur le grès bigarré.

Fig. 56.

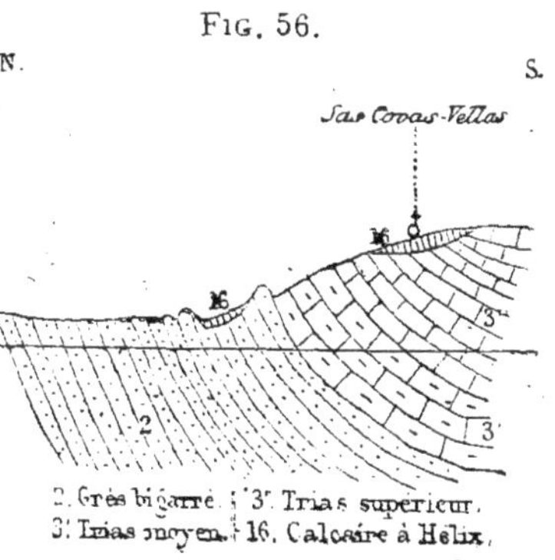

2. Grès bigarré ; 3''. Trias supérieur.
3'. Trias moyen ; 16. Calcaire à Helix.

Si de Sas Covas Vellas on se dirige vers l'arenal de Castell, on rencontre fréquemment des affleurements quaternaires. A l'arenal on retrouve des dunes qui se sont formées avec les matériaux résultant de la désagrégation des calcaires sableux sous-jacents. — Le village de Fornells est bâti sur les calcaires à helix, on les retrouve aux environs de Santa Teresa, Ferragut, Caballeria ; à 500 mètres environ de cette dernière ferme, une colline montre qu'ils s'élèvent à 50 mètres environ au-dessus du niveau de la mer, tandis que dans la plaine de Ferragut ils sont à une altitude qui est seulement de 15 mètres.

Le terrain quaternaire s'avance jusqu'aux environs de Mercadal (ferme de Binigordon et base du mont Toro). — J'ai encore constaté la présence du même terrain près de la ferme de Barbatxi ; sa partie inférieure renferme quelques rares galets.

Les calcaires à helix sont bien développés au fond du golfe de Tirant, à Bella Mirada, à Son Hermita, à Son Jordy, près de la Torre del Cuart. Dans le fond du golfe d'Algairens à Font Santi, ils reposent sur le grès bigarré, là on rencontre encore les dunes qui les accompagnent si souvent.

Fig. 57.

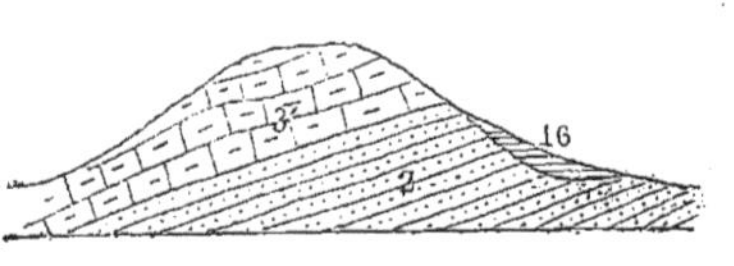

A Furi de Baitx les calcaires à helix sont

formés de couches beaucoup plus inclinées que la figure ne l'indique, ils reposent sur les schistes dévoniens redressés.

Fig. 58.

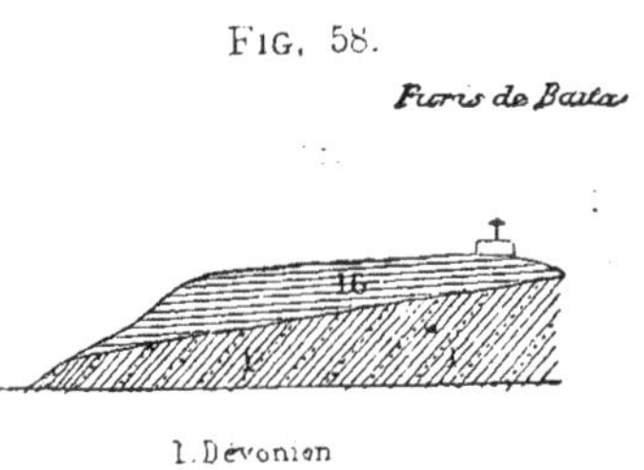

COUCHES QUATERNAIRES A GALETS.

Au Sud et au Nord de la Sierra principale de Majorque, on observe deux échancrures assez considérables. Elles doivent leur origine à la configuration particulière du versant Sud-Est de cette chaîne de montagnes. Ce versant forme un plateau peu élevé qui a été fortement entamé à ses deux extrémités par l'action de la mer ; les deux échancrures qui en résultent forment les deux principales baies de l'île (Baies de Palma et d'Alcudia, pl. 2). A partir de Palma, on peut suivre les couches à galets le long du versant Sud-Est de la Sierra principale, cependant avant d'arriver à Alcudia, elles cessent d'être visibles, soit parce qu'elles n'existent plus, soit parce qu'elles sont recouvertes par des dépôts plus récents. Ces couches sont bien développées à Palma même ; on peut les étudier dans les falaises du faubourg de Santa Catalina et le long du front occidental des fortifications. Elles sont formées presqu'exclusivement par des galets de calcaires compactes de couleur sombre, arrachés au terrain jurassique. Ce dépôt atteste la présence d'anciens courants très-violents.

La stratification des couches est très-irrégulière et les éléments qui les constituent sont répartis sans ordre. Dans les falaises de Santa Catalina, on observe quelques petits lits de sables disséminés au milieu des galets. La ville de Palma est bâtie sur ce terrain, ainsi que je l'ai constaté dans la rue de la Seo.

Ces assises viennent s'appuyer contre les couches miocènes de la colline de Belver, comme il est facile de le voir au Terreno, le long de la route de Palma à Puerto Pi. Une tranchée à droite de la route, montre avant d'arriver au torrent del Mal Pas les poudingues quaternaires, qui reposent en discordance de stratification sur les calcaires miocènes. Il aurait été intéressant de voir le contact et de saisir les relations des calcaires à helix et des couches à galets, malheureusement la configuration du terrain ne m'a pas permis de voir ces relations.

Quoique cette formation occupe une très-grande surface entre Palma et Alcudia, il est assez difficile d'étudier en détail, les couches qui la composent, à cause de la rareté des affleurements. A Inca, près du pont du chemin de fer, j'ai observé une coupe qui m'a montré sur une hauteur de dix mètres des bancs irréguliers de sables avec des poches d'argile rouge que j'ai retrouvées également au coin de la rue de Gometas. Dans ces deux localités les couches à galets reposent sur les marnes de l'éocène inférieur.

En résumé, on voit que ce terrain est essentiellement formé d'éléments détritiques qui se sont déposés à une époque récente. Je n'y ai pas rencontré de débris de corps organisés; les galets dominent dans ces couches, mais on y trouve fréquemment des sables et des argiles disposés irrégulièrement au milieu des cailloux. C'est à la diversité de ces éléments qu'est dûe la fertilité de la grande plaine de Majorque.

Dans les falaises de Santa Catalina, on peut constater que ce dépôt atteint une quinzaine de mètres; mais il doit être plus épais dans certains points; sa puissance est alors de trente à quarante mètres.

Les dépôts quaternaires à galets n'avaient pas échappé à l'attention de la Marmora qui les considérait comme pouvant être une modification des calcaires à helix. Il fit remarquer toutefois que ces dernières couches étaient peut-être un peu plus anciennes.

M. Bouvy reproduisit plus tard les observations publiées par de la Marmora sans rien y ajouter de nouveau.

Résumé.

En résumé les terrains quaternaires présentent

deux horizons ; l'horizon inférieur, épais seulement de quelques mètres (4 à 5 m.) se trouve au niveau de la mer. Il renferme les mêmes mollusques que ceux qui vivent aujourd'hui dans la Méditerranée, sauf le *Strombus mediterraneus* qui n'a jamais été retrouvé dans cette mer.

Il est une remarque intéressante qui a trait à la salure des eaux. Le *Cardium edule* est une espèce qui peut vivre facilement dans des eaux relativement peu salées, il est alors accompagné de *Paludestrina*. Dans quelques localités quaternaires de Majorque, on reconnaît également le même fait ; lorsque le *Cardium edule* pullule il n'a plus pour compagnons que des *Paludestrina*.

L'horizon supérieur est caractérisé par un calcaire marin formé de petits débris de coquilles roulées et de petits grains de sable siliceux. Il renferme des coquilles terrestres qui vivent sur les coteaux environnants. Les espèces marines que l'on rencontre dans ces couches sont rares et de petite taille. Ces dépôts marins qui s'élèvent aujourd'hui à une hauteur de 70 à 80 mètres démontrent qu'une oscillation relativement récente, a affecté les îles Baléares.

On se rappelle que ces îles ont dû être émergées pendant toute la période pliocène, puisque cette formation y manque complètement, mais pendant la période quaternaire, une oscillation descendante plongea sous les eaux une partie du littoral ;

FIG. 59. FIG. 60.

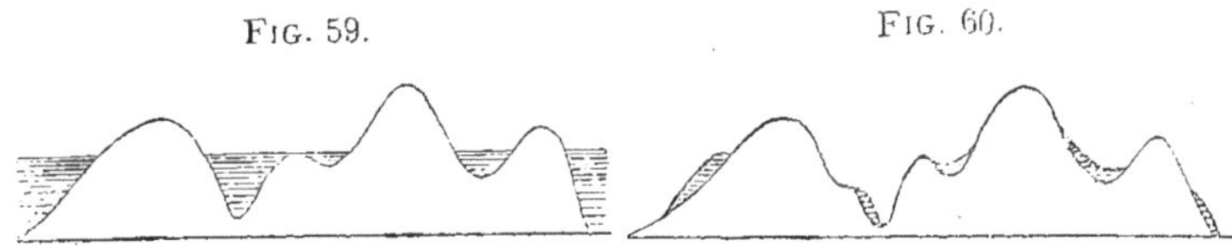

les points qui se trouvaient à une altitude supérieure à 80 mètres, restèrent émergés. Les eaux de la mer quaternaire ravinèrent le sol et creusèrent des vallées(1) sous-marines qui furent comblées par les dépôts dont je viens de parler. Plus tard, une oscillation ascendante éleva successivement ces dépôts au-dessus des eaux. La mer alors, les ravina et détruisit ces couches, en général peu résistantes, et ne laissa appliqués contre les flancs des vallées quaternaires, que les quelques lambeaux qui servent aujourd'hui, à leur reconstruction théorique.

Je n'ai plus maintenant qu'à rappeler qu'il existe encore dans les environs de Palma des couches quaternaires à galets dont je n'ai pu voir les relations stratigraphiques. L'épaisseur de cette formation ne paraît pas devoir dépasser 30 à 40 mètres.

Historique.

La Marmora fit connaître le premier les calcaires quaternaires à helix. Il s'exprime ainsi dans

(1) Ces vallées ont été creusées très-souvent dans les points où se trouvent des failles et des plissements.

ses observations géologiques sur les îles Baléares au sujet de cette formation.

« Le terrain quaternaire joue un grand rôle « dans la constitution géologique de Majorque ; « on peut dire que toute la plaine de la partie « méridionale de l'île appartient à cette formation. « J'y ai observé les mêmes circonstances de gise- « ment, les mêmes variétés de composition qu'en « Sardaigne : non loin de la côte, et tout à fait au « bord de la mer, c'est un grès composé de minces « grains calcaires agglutinés par un ciment cal- « caire argileux, blanc rougeâtre ou jaunâtre : ce « grès est assez pauvre de fossiles, hors en quel- « ques endroits où ce n'est qu'un amas de coquilles « analogues à celles que rejette le rivage actuel; « les différents échantillons que j'ai recueillis de « ces variétés de grès ne pourraient, sans les éti- « quettes, se distinguer de ceux que j'ai pris « dans mes voyages de Sardaigne et de Sicile : « j'en ai également trouvés depuis sur les côtes « de la Toscane, spécialement près de Livourne.

« Le grès en question est surtout remarquable « au Sud-Est de Palma, au cap Enderocat, où il « forme un promontoire qui atteint en quelques « lieux jusqu'à 30 pieds d'élévation ; il est com- « posé d'une infinité de strates qui paraissent « avoir été disloqués, et que l'on voit au jour « dans les différentes carrières creusées dans cette « roche pour l'exploitation de la pierre de taille.

« En général ces strates ont cela de remarquable « qu'ils paraissent plonger vers l'intérieur du « pays, c'est-à-dire dans le sens opposé au rivage « de la mer ; la ville d'Alcudia est bâtie sur un « semblable terrain qui offre la même particularité « d'une inclinaison assez générale vers le point « opposé au rivage.

« Comme en Sardaigne, le grès quaternaire de « Majorque prend une structure plus compacte « en s'éloignant de la côte, et il passe insensible- « ment à un calcaire d'eau douce d'un blanc rou- « geâtre, qui contient des élices et des cyclostho- « mes ; près des montagnes le ciment de ce grès « ayant trouvé des cailloux au lieu de sable, y a « formé un poudingue stratifié ; la ville de Palma « est bâtie sur une pareille roche, qui au reste « pourrait être d'un âge un peu plus récent que le « grès marin dont il s'agit. »

On doit relever dans cette description deux erreurs ; la première concerne la transformation latérale du quaternaire marin en calcaire d'eau douce, j'ai montré précédemment que ce dépôt est exclusivement marin quoiqu'il renferme en abondance des helix et des cyclostomes. La deuxième a trait aux dislocations qui auraient affecté ces couches après leur dépôt. Toutes les observations démontrent que les couches inclinées ont été produites par des courants rapides, et qu'elles sont comprises entre des bancs parfaitement horizontaux.

MM. Haime et Bouvy qui ont écrit sur Majorque après la Marmora ne parlent pas des calcaires à helix. Ces assises ont cependant une grande extension à Majorque, et de nombreuses exploitations permettent d'étudier en détail leur disposition générale.

Sur sa carte géologique, M. Bouvy n'a pas adopté de teinte spéciale pour ces dépôts ils se trouvent compris dans la teinte qui désigne le pliocène; mais il est indispensable d'effectuer cette séparation.

IV

PÉTROGRAPHIE.

ROCHES ÉRUPTIVES.

C'est à la Marmora que l'on doit les premières observations relatives aux roches éruptives des îles Baléares. Plus tard, M. Bouvy les décrivit avec beaucoup plus de détails, mais il leur attribua un rôle beaucoup trop important; suivant cet auteur, le relief actuel de ces îles serait dû en grande partie à leur éruption. Leur rôle a été évidemment très-exagéré, il est, du reste, facile de s'en convaincre en jetant un coup d'œil sur la carte géologique de Majorque. On verra bien vite qu'elles n'occupent que quelques points isolés de la Cordillère principale; elles sont venues au jour par des fissures dont l'importance n'est pas en rapport avec le développement général des montagnes de ces îles.

Je dois dire que j'ai communiqué mes échantillons à MM. Fouqué et Michel-Lévy et que ces deux savants pétrographes ont bien voulu se charger de leur examen microscopique.

Ils ont reconnu sur les vingt échantillons que je leur ai communiqués, des roches appartenant aux quatre séries suivantes (1) : mélaphyres, basaltes, andésites, porphyrites.

Age des roches éruptives de Majorque.

Tous les gisements connus des roches éruptives de Majorque, sont répartis dans la grande chaîne de montagnes qui court du Nord-Est au Sud-Ouest. M. Bouvy en a figuré la plus grande partie sur sa carte géologique, j'en ai seulement ajouté quelques-uns que j'ai découverts près de Lluch, de Buñola, de Soller et d'Andraitx.

Les roches éruptives de Majorque appartiennent aux mélaphyres, aux andésites et aux basaltes.

MM. Fouqué et Michel-Lévy ont reconnu que les mélaphyres étaient les plus nombreux et qu'ils étaient analogues à ceux d'Oberstein et des Vosges ; mais ils font remarquer aussi qu'il y a des roches voisines dans la série basaltique, cependant ils terminent en disant qu'ils les rapportent de préférence aux mélaphyres.

Ce fait est intéressant puisque toutes les roches éruptives de Majorque ont traversé les couches jurassiques.

La coupe de Soller à Manacor (Pl. 1, fig. 1) est

(1) Une cinquième série concernant quelques roches sédimentaires se trouve jointe aux quatre premières.

destinée à mettre ce fait en relief. Elle montre au-dessus de Soller un premier dycke de mélaphyre andésitique (Pétr. n° 14) situé près de Soller, et plus haut, un second dycke formé d'andésite à sanidine. (V. *Index*, p. 346).

Avec les renseignements actuels, il est impossible de fixer d'une manière précise l'âge des mélaphyres de Majorque; tout ce que l'on peut dire, c'est que leur éruption a eu lieu après le dépôt des couches jurassiques inférieures.

MINORQUE.

On ne connait à Minorque qu'un seul gisement de roche éruptive, aucun auteur n'avait encore signalé son existence. MM. Fouqué et Michel-Lévy ont reconnu qu'elle appartenait à une porphyrite andésitique; elle a traversé le dévonien, mais comme dans ce point il n'existe pas de couches plus récentes, il est impossible de préciser davantage son âge. Je dois ajouter que dans son voisinage, il y a au milieu des assises dévoniennes des bancs de grès sursiliceux, annonçant qu'à cette époque il y a eu des émissions siliceuses importantes.

Examen microscopique de quelques roches de Majorque et de Minorque, par MM. Fouqué **et** Michel-Lévy.

Les roches que M. Hermite a bien voulu soumettre à notre examen, appartiennent à cinq catégories différentes.

Nous y avons trouvé :

1° *des mélaphyres* ;

2° *des basaltes* ;

3° *des andésites* ;

4° *une porphyrite* ;

5° enfin quelques roches clastiques, *grès, brèches, arkoses.*

1.

Les MÉLAPHYRES forment la catégorie la plus nombreuse ; ils sont analogues à certains mélaphyres permiens, notamment à ceux d'Oberstein, des Vosges, de Saxe, dont ils se rapprochent non-seulement par leur composition minéralogique, mais encore par leur structure et les altérations qu'ils ont subies.

A l'œil nu cette série se montre souvent amygdaloïde à noyaux blan-verdâtre, englobés dans une pâte rugueuse à grain fin, violacée. La plupart des échantillons présentent à la loupe un minéral brun foncé, à clivage brillant, et quelques points blancs cristallins.

Dans les descriptions suivantes, nous considérons successivement trois stades principaux de consolidation ; le premier (I) a donné naissance à de grands cristaux, en général fortement altérés et par voie chimique et par voie mécanique. Le second stade de consolidation (II) a produit des microlithes, et le troisième (III) se rapporte aux produits d'altération secondaire.

I. Comme grands cristaux, nous n'avons trouvé que ceux d'un minéral dont la plupart des caractères sont ceux du péridot ferrifère (*Fayalite*). Les formes des sections à pointement presque toujours aigu, l'extinction longitudinale entre les Nicols croisés, le mode d'altération sont ceux qui caractérisent habituellement la fayalite.

Chaque cristal est bordé d'une zone épaisse ferrugineuse et traversé de fentes irrégulières le long desquelles on remarque le même mode d'altération. Parfois le cristal entier est envahi par le dépôt ferrugineux ; d'autres fois le noyau central se colore par transparence de brun clair et se montre assez fortement dichroïque. A cette altération ferrugineuse, se joint aussi, dans certains cas, la transformation si ordinaire de l'olivine en serpentine.

Ces grands cristaux présentent un seul caractère qui s'éloigne de ceux que l'on est habitué à considérer comme propres au péridot : ils possèdent des clivages, l'un suivant l'allongement à fines stries rectilignes et régulières, correspondant au clivage micacé que décèle la loupe dans le minéral brun signalé plus haut ; l'autre transversal et inégal.

Le clivage régulier apparaît surtout dans les

sections brunes et dichroïques par transparence ; les parties transformées en serpentine ne le présentent jamais.

Si la forme des sections à pointements aigus et les cassures irrégulières d'un grand nombre d'échantillons n'éloignaient de l'idée de rapporter le minéral à l'hypersthène, on y eût été amené infailliblement par la considération du dichroïsme et des clivages.

Une plaque mince de l'échantillon n° 10 (Soller) soumise pendant 12 heures à l'action de l'acide chlorhydrique à 50° environ, s'est entièrement décolorée ; les microlithes de labrador et d'augite sont restés intacts. Le fer oxydulé a été entièrement dissout ; les grands cristaux (olivine ou hypersthène) se sont d'abord nettoyés, puis ils ont, en dernier lieu, perdu toute action sur la lumière polarisée. Cette réaction tendrait à confirmer la détermination de l'olivine, mais il convient de remarquer que l'hypersthène, déjà altéré par les actions secondaires, pourrait être attaquable dans ces conditions.

Si l'on considère que le péridot est un monosilicate de magnésie et de fer et l'hypersthène un bisilicate des mêmes bases, on comprend que, par l'enlèvement d'une portion des bases, le péridot puisse se transformer en hypersthène. C'est la seule hypothèse plausible à faire sur les spécimens du minéral brun dont la forme et le mode d'altération sont ceux du péridot, tandis que par places ses clivages et son dichroïsme sont ceux de l'hypersthène.

L'altération des portions de ce péridot comprise entre les bandes ferrugineuses et demeurées incolores, est quelquefois tellement avancée que ces parties sont entièrement isotropes ou tout au plus présentent quelques agrégats bleuâtres serpentineux entre les Nicols croisés.

II. Les microlithes feldspathiques appartiennent à deux types ; les uns doivent être rapportés à l'*oligoclase*, les autres au *labrador ;* ils sont rarement mélangés et dans tous les cas, l'un prédomine de beaucoup par rapport à l'autre.

Ces microlithes feldspathiques présentent habituellement la mâcle de l'albite. L'oligoclase est fibreux ; le labrador en cristaux à contours très-nets ; ce dernier présente parfois une association de la mâcle de l'albite et de péricline.

Une seule de ces roches (nº 10 Soller, Majorque) riche en labrador, nous a présenté des microlithes de pyroxène dans la forme habituelle aux basaltes et aux mélaphyres, ainsi que du fer oxydulé au même état.

Un autre échantillon (nº 5, au nord d'Andraitx, Majorque), également riche en labrador, nous a offert, sous forme de microlithes, un minéral rhombique, vert, dichroïque, finement strié dans le sens longitudinal, que nous pensons devoir rapporter à une variété d'hypersthène.

Ces divers cristaux sont moulés par une matière amorphe en général abondante et presque toujours fortement altérée.

Les actions secondaires développent dans la matière amorphe de l'opale, de la serpentine, de la calcite, du quartz grenu, de la chlorite et des produits ferrugineux opaques ou translucides (limonite, hématite).

Les microlithes feldspathiques sont souvent transformés en calcite. On a vu plus haut les transformations progressives du péridot.

Le remplissage des vacuoles se compose parfois d'une couronne de quartz grenu, entourant un noyau calcaire. Dans la calcite, on trouve un corps cubique que l'on doit probablement rapporter à la fluorine (n° 2, Tuent-Majorque). Assez souvent au voisinage des filonnets secondaires de calcite, les produits ferrugineux se groupent en arborisations régulières.

Certaines vacuoles sont remplies d'opale au sein de laquelle s'isolent de petits sphéroïdes de quartz globulaire, entourés d'une auréole calcédonieuse, et ayant pour centre un noyau d'hématite.

Enfin un mélaphyre (n° 20) de Son Mal Ferrit près d'Esporlas (Majorque) montre :

I. Cristaux de première consolidation, péridot, fer oxydulé, pyrite.

II. Cristaux de deuxième consolidation, microlithes de labrador, de pyroxène de fer oxydulé, de mica noir, pâte vitreuse pointillée.

En résumé, cette série est constituée par des roches à structure trachytoïde, riches en péridot, et en microlithes de feldspath, dépourvues de feldspaths et de pyroxène en grands cristaux. On ne peut donc la rapporter qu'à la série des basaltes ou des mélaphyres. L'abondance de l'élément quartzeux parmi les produits secondaires et l'apparence à l'œil nu de ces roches nous les font rapporter de préférence aux mélaphyres. Elles se subdivisent en deux groupes, suivant la nature du feldspath dominant. Nous distinguerons donc:

LES MÉLAPHYRES ANDÉSITIQUES :

Nos 2. — Tuent;
3. — Soller, (quelques rares microlithes de labrador);
6. — Un, près Buñola;
7. — Soller;
9. — Aubarca;
14. — Bimaraix;
16. — Tuent;
18. — Un, près Buñola;

LES MÉLAPHYRES LABRADORIQUES :

Nos 5. — Au nord d'Andraitx, (hypersthénique);
10. — Soller, (augitique);
20. — Son Mal Ferrit (Esporlas).

2.

N° 1. La roche de Vignolas près Soller est un basalte franc.

I. Il renferme du péridot en grands cristaux transformés en partie en serpentine.

II. Il contient en outre des microlithes de labrador, de pyroxène et de fer oxydulé avec de la matière amorphe abondante.

III. Enfin, comme produit d'altération, on distingue dans la matière amorphe quelques concrétions vertes polarisant faiblement.

3.

Nos 1 et 4. — Une localité de Majorque, le Puig de Lofre fournit des échantillons d'une roche tuffacée ANDÉSITIQUE.

I. Comme grands cristaux, nous signalerons la sanidine et l'oligoclase, et accessoirement l'apatite et le zircon inclus dans les feldspaths. Les cristaux de zircon sont très-nets et présentent le pointement B^1.

II. La matière amorphe est très abondante et constitue la majeure partie de la roche ; à la lumière naturelle, on distingue cependant un assez grand nombre de microlithes allongés d'apparence feldspathique ; à la lumière polarisée, quelques-uns présentent effectivement les propriétés optiques de l'oligoclase ; mais la plupart sont dénués de toute action sur la lumière polarisée.

III. La matière amorphe et les microlithes sont en grande partie transformés en opale et en serpentine, les grands cristaux de feldspath ont, eux-mêmes, entre les Nicols croisés, des teintes jaunâtres par place, qui indiquent également une imprégnation quartzeuse.

La roche étudiée ici est donc une ANDÉSITE A SANIDINE.

4.

N° 13. A Ferragut (Minorque) se présente une PORPHYRITE ANDÉSITIQUE dans laquelle nous avons observé les minéraux suivants :

I. Orthose et oligoclase en grands cristaux très-décomposés par les actions secondaires. Amphibole en partie transformée en calcite et en chlorite.

II. Microlithes et sphérolithes d'oligoclase fibreux. Quelques-uns des sphérolithes sont d'assez grande taille, très-réguliers et présentent la croix noire entre les Nicols croisés. Ils ressemblent à certaines de nos préparations d'oligoclase artificiel.

III. Les actions secondaires ont attaqué la roche d'une façon très-intense et y ont développé de la calcite, de la chlorite en sphérolithes très-réguliers.

La roche en question est donc une PORPHYRITE ANDÉSITIQUE A OLIGOCLASE ET A AMPHIBOLE.

5.

Plusieurs des échantillons examinés par nous, sont constitués par des grès à grains fins ; nous y relevons les particularités suivantes :

N° 12. — *Rafal-Roitg près Mercadal.* Quelques grains de quartz englobés dans une pâte calcédonieuse et surtout formée d'opale.

N°s 17 et 19. — *Ferragut.* Mêmes caractères avec rares et petites parcelles de mica noir. Filonnets de quartz avec un minéral rugueux à forte biréfringence, d'un brun foncé, à sections carrées, s'éloignant suivant leurs diagonales, et clivages parallèles aux côtés.

N° 15. — *Port-Mahon.* Arkose principalement composée de débris de quartz, d'orthose, d'oligoclase, de mica noir et blanc, de tourmaline. Ciment calcédonieux.

V

PALÉONTOLOGIE.

Les espèces qui sont décrites dans ce premier travail sont au nombre de 18, on trouvera à la suite de cette note la liste des 18 espèces qui sont seulement citées. La deuxième partie qui paraîtra plus tard sera complètée, par l'étude des nouveaux matériaux que je dois prochainement recueillir.

1. AMMONITES CARDONÆ, Hermite.

(p. 172, pl. V, fig. 8, 9, 10.)

Syn. *A. Cardonœ*, Herm. comp. rend. bull. soc. géol. de France 1879, p. XL.

Coquille discoïdale épaisse ; flancs un peu convexes et ornés de petites côtes droites ou légérement flexueuses, partant de l'ombilic pour aboutir à des tubercules marginaux.

Région dorsale présentant un méplat assez large, lisse et à peine convexe, bordé de chaque côté par des tubercules généralement arrondis qui forment deux séries longitudinales très régulières.

Ouverture assez large relativement peu élevée

et peu embrassante présentant à sa partie supérieure une surface plate.

Ombilic très étroit.

Dimensions. Individu de la fig. 8, *grand diamètre* 14^{mm}, *petit diamètre* 11^{mm}.

Habitat. Néocomien inférieur du cap Pontinat (Minorque).

2. AMMONITES GERONIMÆ, Hermite.

(p. 172, pl. V. fig. 6, 7.)

Syn. *A. Geronimæ*, Herm. loc. cit. p. XL.

Coquille discoïdale très renflée ; flancs convexes divisés en deux parties inégales par un rang de tubercules plus ou moins arrondis et ornés de côtes courbes assez fortes, aboutissant chacune à un tubercule de la première série, pour aller se terminer en se dichotomisant ou se trichotomisant aux tubercules du deuxième rang. Entre les premiers tubercules du premier rang, on observe souvent une côte, qui passe, après s'être divisée, entre les tubercules de la deuxième série et qui présente de petits renflements correspondant à chacune de ces séries.

Région dorsale large, légérement arrondie et ornée de petites côtes partant en général des tubercules marginaux et quelquefois des flancs.

Ouverture plus large que haute, et peu embrassante, présentant à sa partie supérieure une surface plate ou légèrement convexe ; bord droit et bord gauche plus ou moins anguleux et convexes.

Ombilic très étroit,

Dimens. Individu de la fig. 6-7, *grand diamètre* 14^{mm}, *petit diamètre* 11^{mm}.

Habit. Néocomien inférieur du cap Pontinat. (Minorque).

Observat. — Cette espèce rappelle par sa forme générale et ses ornements l'*Ammonites verrucosus* d'Orbigny qui se trouve dans les couches néocomiennes à ammonites ferrugineuses de la Drôme.

3. AMMONITES SAUVAGEAUI, Hermite.

(P. 141, pl. IV, fig. 4-5.)

Syn. *A. Sauvageaui*, Herm. loc. cit., p. XL.

Coquille discoïdale aplatie; flancs à peine convexes, ornés de côtes très-fines ou à peine indiquées sortant de l'ombilic pour rejoindre, en décrivant un coude, des plis convexes, assez larges et espacés, formés de côtes fasciculées également très-fines et disposées sur le pourtour du bord externe.

Région dorsale étroite, concave sur presque tout son parcours et nettement délimitée de chaque côté par deux carènes saillantes qui tendent à disparaître vers sa partie supérieure où la concavité est remplacée par un méplat.

Ouverture étroite allongée et très-embrassante, présentant une surface plate ou concave à sa partie supérieure.

Ombilic étroit.

Dimens. Grand diamètre, 30mm ; *petit diamètre*, 21mm.

Habit. Néocomien inférieur de Bendinat (Majorque).

Observat. — Les petits plis qui sortent de l'ombilic n'ont pas été assez indiqués par le dessinateur.

4. AMMONITES MACROTELUS, Oppel.

(P. 165, pl. V, fig. 5).

Syn. *Am. Macrotelus*, Op. pal. mitth. p. 87, pl. 15, fig. 7.

L'exemplaire que j'ai trouvé à Majorque et que j'ai fait figurer se rapporte assez bien à la figure et à la description qu'en a données M. Karl Zittel. L'exemplaire allemand qui présente quelques denticulations de plus que l'individu de Majorque, provient des couches à *Ammonites transitorius* de Koniakau.

Habit. Néocomien inférieur de San Juan (Majorque).

5. BELEMNITES SALVATORIS-AUSTRIÆ, Hermite.

(P. 152, pl. IV, fig. 8, 9, 10.)

Syn. B. *Salvatoris-Austriæ*. Herm., loc. cit., p. XL.

Rostre allongé subclaviforme, renflé, subquadrangulaire et rétréci à sa partie supérieure.

Faces latérales, renflées et fortement convexes, présentant un méplat assez large, peu accusé, qui disparaît sur la partie inférieure du rostre.

Face dorsale, large et subanguleuse à sa base ;

anguleuse et très-nettement carénée vers sa partie supérieure.

Face ventrale, portant un sillon très-long et très-profond, qui disparaît en atteignant la partie la plus renflée du rostre.

Habit. Néocomien inférieur de Belleuver (Majorque).

Observat. — Cette espèce appartient au genre *Duvalia* qui a été créé par M. Bayle pour le *Bel. dilatatus* Blainv. et pour les formes voisines qui sont si communes dans le néocomien. Le *B. dilatatus* n'est pas sans analogie avec l'espèce que je viens de décrire ; cependant il s'en distingue de suite par la forme générale, par sa face dorsale qui n'est pas carénée et par beaucoup d'autres caractères. Je dois aussi rappeler que la figure 4, du *B. Patyurus* Duv. Jouve (variété) présente aussi quelque analogie de forme avec le *B. Salvatoris-Austriæ*.

6. BELEMNITES ŒHLERTI, Hermite.

(p. 155, pl. IV, fig. 6-7.)

Syn. B. Œhlerti, Herm. loc. cit. p. XL.

Rostre allongé et très comprimé, rétréci vers sa partie antérieure, et fortement dilaté vers le milieu de sa partie inférieure.

Faces latérales plates ou à peine convexes, présentant un petit sillon médian à peine indiqué.

Bord dorsal étroit, arrondi vers sa partie inférieure, anguleux à son extrémité supérieure.

Bord ventral présentant vers son extrémité supérieure, un sillon court, peu profond, mais bien accusé.

Habit. Néocomien inférieur de Mancor (Maj.).

Observat. — Cette espèce qui appartient comme la précédente au genre *Duvalia* Bayle, a dû être souvent confondue avec les jeunes de *B. dilatatus* Blain, dont elle diffère cependant par le rétrécissement très accusé de la partie supérieure de son rostre.

Les collections géologiques de la Sorbonne renferment de jeunes individus du *B. dilatatus* très bien conservés, leur forme n'est pas sensiblement différente de celle des individus adultes.

M. Bayle a figuré dans son explication de la carte géologique de France pl. 32 fig. 7 comme jeune individu du *Bel. dilatatus*, un rostre incomplet, qui pourrait appartenir au *B. Œhlerti.*

7. PHYSA JAIMEI, Hermite.

(p. 273, Pl. V, fig. 25, 26.)

Syn. *P. Jaimei*, Herm.. loc. cit. p. XL.

Coquille senestre, assez grande, composée de 5 à 6 tours de spire scalariformes et croissant assez rapidement ; le dernier de beaucoup le plus grand occupe un peu plus des six septièmes de la hauteur totale. Surface externe présentant seulement des lignes d'accroissement, transverses rapprochées et assez régulières.

Ouverture assez grande et subquadrangulaire ; bord libre mince, tranchant et régulièrement arrondi à sa partie supérieure, bord columellaire mince et réfléchi, cachant en grande partie l'ombilic.

Columelle présentant une torsion oblique et bien accusée.

Ombilic très-étroit.

Dimens. Hauteur 15^{mm}, largeur du dernier tour 9^{mm}, haut. 12^{mm}.

Habit. Pliocène lacustre de Palma (Majorque).

Observat. — Sur les figures les lignes d'accroissement sont un peu trop fortes et un peu trop espacées ; l'ouverture est trop arrondie et le dernier tour est trop étroit, il a près de 9^{mm}.

8. LYMNÆA VIDALI, Hermite.

(p. 273, Pl. V, fig. 13-14).

Syn. *L. Vidali*, Herm. Loc. cit., p. XL.

Coquille de petite taille, lisse et brillante, présentant quelques stries d'accroissement peu marquées et composée de cinq tours de spire croissant très rapidement ; les quatre premiers petits et relativement étroits ; le dernier convexe, régulièrement arrondi et de beaucoup le plus grand, occupe un peu plus des quatre cinquièmes de la hauteur totale.

Ouverture grande et subovalaire ; bord libre, mince et non réfléchi.

Columelle bien développée et presque droite, présentant une torsion bien accusée.

Ombilic nul.

Dimens. — Hauteur totale, 11^{mm}, haut. du dernier tour, 9^{mm}, largeur, 6^{mm}.

Habit. Pliocène lacustre de Palma (Maj.).

Observ. — Cette espèce rappelle les jeunes individus du

Lymnœa auricularia, Linn. Elle ne manque pas non plus d'analogie avec le *Lymnœa crassula* Desh., des calcaires de Beauce du bassin de Paris.

9. VALVATA LANDERERI, Hermite.

(P. 187-190, pl. V, fig. 21-22).

Syn. *V. Landereri*, Herm. loc. cit., p. XL.

Coquille ombiliquée, subconique, courte, assez large; test lisse ou ne présentant que quelques stries d'accroissement à peine indiquées; cinq tours de spire très-inégaux et portant quelques varices transversales, obtuses et peu accusées; le dernier très grand, fortement arrondi et convexe.

Ouverture sensiblement circulaire; peristome mince et subcontinu.

Fente ombilicale étroite.

Dimens. Hauteur totale, 3^{mm}. haut. du dernier tour, 1^{mm} 1/2.

Habit. Marnes lacustres de l'éocène inférieur de Sineu, Bonasse (Majorque).

Observat. Ces dessins ont été faits d'après des échantillons en plâtre albâtre, obtenus par le moulage et la destruction de la gangue par les acides.

10. PALUDESTRINA TOURNOUERI, Hermite.

(p. 273, Pl. V, fig. 15-16).

Syn. *P. Tournoueri*, Herm. loc. cit. p. XL.

Coquille subombiliquée, turriculée, lisse, brillante, ne présentant que quelques stries d'accroissement très-peu accusées; cinq tours de spire convexes, croissant assez régulièrement. Suture assez profonde et bien accusée.

Ouverture médiocre et subcirculaire ; bord libre, droit, mince, tranchant et fortement arqué ; bord columellaire, mince, et très-légèrement réfléchi. Columelle simple, arquée.

Fente ombilicale très-petite ou presque nulle.

Dimens. Hauteur totale, 3mm 1/2, haut. du dernier tour, 2mm 1/2.

Habit. Pliocène lacustre de Palma (Majorque).

11. PALUDESTRINA HIDALGOI, Hermite.

(P. 197, pl. V, fig. 17-18).

Syn. *P. Hidalgoï*, Herm. loc. cit. p. XL.

Coquille ombiliquée turriculée, conique, lisse et brillante, composée de six tours de spire, croissant assez régulièrement et séparés par une suture peu profonde, mais bien accusée.

Ouverture ovalaire et très-légèrement rétrécie ; bord libre, droit, mince, tranchant et arqué ; bord columellaire, mince et à peine réfléchi.

Columelle simple et arquée.

Fente ombilicale relativement assez bien développée.

Dimens. Hauteur totale, 4mm, haut. du dernier tour, 2mm 1/2.

Habit. Marnes lacustres de l'éocène inférieur de Santa Margarita (Majorque).

Observat. — Cette espèce qui est voisine de la précédente s'en distingue très-facilement par ses tours de spire moins convexes et par son ouverture moins circulaire.

12. PALUDESTRINA FISCHERI, Hermite.

(p. 273, pl. V. fig. 23, 24.)

Coquille allongée turriculée, assez étroite, lisse et brillante, composée de cinq tours de spire convexes et assez larges, croissant régulièrement ; suture peu profonde mais bien accusée.

Ouverture ovale, sensiblement allongée et à peine rétrécie ; bord libre, droit, mince et légèrement sinueux ; bord columellaire non détaché, ou à peine soulevé.

Columelle simple, arquée.

Fente ombilicale nulle ou presque nulle.

Dimens. Hauteur totale 4^{mm}, haut. du dernier tour, 2^{mm}. 1/2.

Habit. Pliocène lacustre de Palma, (Majorque).

Observat. — La Paludestrina Fischeri se distingue facilement du P. Hidalgoï Hermite par sa coquille beaucoup plus allongée, mais elle paraît tout à fait identique à une forme du pliocène de l'île de Rhodes que M. Tournouer a considéré comme une simple variété de l'*Hydrobia Zitteli* Schwartz. — Je pense que ce sont deux espèces très-distinctes, car à Majorque on ne trouve aucun individu portant les ornements caractéristiques de l'espèce de Schwartz.

13. MELANIA HEBERTI, Hermite.

(p. 273, pl. V. fig. 19, 20.)

Coquille étroite et très-allongée, composée de

dix tours de spire convexes, croissant régulièrement et ornés de petites côtes longitudinales régulières, assez rapprochées et croisées par des stries d'accroissement plus ou moins accusées.

Les autres caractères semblables à ceux du *M. tuberculata*, Müller.

Dimens. Hauteur totale 17^{mm}., haut. du dernier tour, 8^{mm}, largeur 5^{mm}.

Habit. Pliocène lacustre de Palma (Majorque).

Observat. — La *Melania Heberti* accompagne la *Melania tuberculata*, elle se distingue de cette dernière espèce par sa forme beaucoup plus allongée, et l'absence de côtes transversales etc., l'échantillon figuré appartient à un jeune individu, car j'ai vu des fragments indiquant que cette espèce doit atteindre une dimension double et triple. Je dois aussi dire que M. Pomel a découvert dans les petits lacs qui bordent le golfe de Gabès une *Melania* qui paraît appartenir à la même espèce.

14. NERITINA MUNIERI, Hermite.

(p. 184, pl. V. fig. 11, 12).

Coquille de taille médiocre, lisse, brillante présentant seulement des stries d'accroissement à peine indiquées et composée de 2 tours 1/2 de spire, le premier 1/2 à peine saillant, obtus et étroit, le dernier occupant presque toute la surface et présentant souvent le long de la suture une petite dépression longitudinale qui fait relever légèrement en forme de bourrelet, la partie du tour qui borde la ligne suturale.

Ouverture grande semilunaire ; bord libre mince et tranchant ; bord pariétal mince tranchant et légèrement arqué, présentant vers son milieu deux ou trois petites denticulations granulaires à peine indiquées.

Coloration. Taches brunâtres transverses et irrégulières, alternant avec des taches blanches.

Dimens. Grand diamètre du dernier tour, 12^{mm} petit diam. 5^{mm}.

Habit. Eocène inférieur lacustre de Binisalem et de Selva (Majorque).

15. SPIRIFER EURYGLOSSUS, Schnur.

(P. 66, pl. IV, fig. 3).

Syn. *Spirif. euryglossus*, Schnur. *Palæont.* (Dunker et Mayer, vol. 3, p. 209, pl. 36, fig. 5.

L'échantillon que j'ai fait figurer montre une partie de l'appareil brachial interne, disposé comme chez la plupart des spirifer.

Habit. Dévonien moyen de Santa Rita (Minorque).

16. PRODUCTUS CHALMASI, Hermite.

(P. 65, pl. V, fig. 1-4).

Syn. *P. Chalmasi*, Herm. loc. cit. p. XL.

Coquille de petite taille assez bombée, en général subquadrangulaire.

Valve ventrale convexe, arrondie, portant quelques rares traces d'épines peu accusées, et ornée de côtes un peu flexueuses, à peine indiquées, qui disparaissent avant d'atteindre les crochets; crochets bien développés, assez saillants, dépassant légèrement le bord cardinal.

Valve dorsale assez concave, présentant près de la région cardinale et de chaque côté des crochets une petite inflexion légèrement ondulée; surface ornée de côtes régulières, anguleuses, sub-lamelleuses, concentriques et bien accusées, qui s'atténuent considérablement sur les deux parties infléchies où elles deviennent décurrentes.

Bord cardinal droit.

Habit. Dévonien moyen de Santa Rita (Minorque).

17. ARCHÆOCALAMITES RENAULTI, Hermite.

(P. 79, pl. IV, fig. 1).

Syn. *Arch. Renaulti*, Herm. loc. cit. p. XL.

J'ai recueilli de nombreux fragments de rameaux appartenant à cette espèce. Sur celui qui est figuré, les entre-nœuds sont distants de 3 centimètres, mais sur d'autres, ils sont plus rapprochés ou plus éloignés.

L'individu que je décris porte sur sa circonférence 44 côtes sous corticales, étroites et régulières, séparées par des sillons profonds.

La surface externe de l'écorce paraît lisse, mais sur les parties qui sont un peu usées on remarque de petites côtes longitudinales, étroites, régulières et assez saillantes, qui viennent, pour ainsi dire, combler chacun des sillons qui séparent les côtes principales.

Je reviendrai du reste sur la description de cette espèce lorsque j'aurai de nouveaux matériaux.

Habit. Schistes inférieurs aux calcaires du dévonien moyen de Mahon (Minorque).

Observat. — La présence de ces végétaux dans des couches dévoniennes aussi anciennes est très-intéressante. Les *archœocalamites* étaient bien développés à l'époque du terrain carbonifère inférieur.

18. ARCHÆOCALAMITES, Spec.

(P. 79, pl. IV, fig. 2).

J'ai cru devoir faire figurer ce fragment de tige, parce qu'il semble annoncer une seconde espèce.

Habit. Dans les schistes dévoniens de la même localité que l'espèce précédente.

Espèces nouvelles citées et non décrites.

J'ai cité dans mon travail 18 espèces qui seront décrites dans peu de temps, dans le 2me volume de ce travail.

1. CERATITES HEBERTI, Hermite.

(P. 111).

Habitat. — Trias moyen d'Alpuzar (Minorque).

2. CERATITES SAURÆ, Hermite.

(P. 113-115).

Hab. — Trias supérieur à Hallobia Lommeli de Son Carloset la Modayna (Min.).

3. AMMONITES PONSI, Hermite.

Syn. **Am. Ponsi**. Herm. *compte rend. som. Bull. soc. Géol. de France*, 1879, p. XL.

Hab. — Néocomien inf. de Bendinat (Maj.).

4. AMMONITES JAUMEI, Hermite.

Syn. **Am. Jaumei**. Herm. *Loc. cit.*, p. XL.

Hab. — Néocomien inf. d'Alaro (Maj.).

5. BELEMNITES LULLI, Hermite.

Syn. **B. Lulli**, Herm. *Loc. cit.*, p. XL.

Hab. — Néocomien inf. d'Alaro (Maj.).

6. BELEMNITES RODRIGUEZI, Hermite.

Syn. **B. Rodriguezi**, Herm. *Loc. cit.*, p. XL.

Hab. — Néocomien inf. de Mancor (Maj.).

7. BULIMUS ALARŒNSIS, Hermite.

(P. 181).

Hab. — Eocène inférieur lacustre de Son Palou près Alaro (Maj.).

8. HELIX CARBONARIA, Hermite.

(P. 184).

Hab. — Eocène inf. lacustre de Selva (Maj.).

9. MELANIA DUTHIERSI, Hermite.

(P. 181, 184, 186).

Hab. — Eocène inf. lacustre d'Alaro, Binisalem, Selva.

10. MELANIA PYRGULŒFORMIS, Hermite.

(P. 184).

Hab. — Eocène inf. lacustre de Binisalem et de Selva (Maj.).

11. MELANOPSIS MAJORICENSIS, Hermite.

Hab. — Eocène infér. lacustre de Binisalem et de Selva Maj.).

12. PLANORBIS MARESI, Hermite.

(P.184).

Hab. — Eocène infér. lacustre de Binisalem et de Selva (Maj.).

13. PLATYSTOMA HEBERTI, Hermite.

Syn. **Plat. Heberti,** Herm. *Loc. cit.*, p. XL.

Hab. — Dévonien moyen de Santa Rita (Minorque.)

14. PRODUCTUS HAIMEI, Hermite.

(p. 65).

Syn. **P. Haimei.** Herm. *Loc. cit.*, p. XL.

Hab. — Dévon. moy. de Santa Rita (Min.).

15. LINGULA MUNIERI, Hermite.

(P.111).

Hab. — Trias moyen d'Alpuzar (Min.).

Végétaux.

16. Nerium Balearicum, Hermite.

(P. 185).

Hab. — Eocène inf. lacustre de Binisalem et de Selva (Majorque).

17. Sphenophyllum Maresi, Hermite,

(P. 80).

Syn. **S. Maresi**, Herm. *Loc. cit.*, p. XL.

Hab. Schistes inf. au dévonien moyen de Mahon (Minorque).

Incertæ sedis.

18. Minorica, Hermite.

(P. 80).

Hab. — San Isidoro (près Mahon (Min.).

Je décrirai dans peu de temps un corps singulier et problématique qui se trouve dans les schistes dévoniens de Mahon et que j'ai désigné sous le nom de Minorica.

VI

RÉSUMÉ GÉNÉRAL.

Les îles de Majorque et de Minorque, forment les parties les plus élevées d'une sorte de promontoire sous-marin, qui part de la côte d'Espagne, pour se diriger vers le milieu de la Méditerranée. Cette région, ainsi que le montre l'étude des dépôts laissés par les anciennes mers, a été soumise à de nombreuses oscillations.

TERRAINS PRIMAIRES.

Dévonien. — Le terrain le plus ancien que j'ai observé, est le dévonien, il n'est visible que dans la partie Nord de Minorque.

Il se compose d'une alternance de schistes et de grès, avec empreintes végétales, dont l'épaisseur totale atteint près de mille mètres. Cette formation présente, vers son milieu, quelques bancs calcaires, renfermant une faune qui permet de fixer (p. 64), avec certitude, son âge.

Ce système de schistes et de grès se trouve donc divisé en deux parties, par les couches fossilifères.

La partie inférieure (p. 72), présente de nombreuses empreintes végétales terrestres, qui annoncent des couches de rivage. Ces végétaux sont malheureusement assez mal conservés. Les débris de *Archœocalamites Renaulti*, Herm., sont les plus nombreux; le *Sphenophyllum Maresi*, Herm. (p. 79), est rare. Les autres empreintes végétales sont indéterminables.

Il est bien difficile de dire actuellement si toutes les couches qui se trouvent au-dessous des calcaires fossilifères, doivent être rattachées entièrement au dévonien moyen, ou bien si quelques-unes d'entre elles, ou même la totalité ne correspondent pas au dévonien inférieur. Quoi qu'il en soit, la partie supérieure de ce système inférieur, se termine par des bancs de grès et de schistes, passant insensiblement aux couches calcaires qui renferment la faune du dévonien moyen, que j'ai découverte entre Ferragut et Santa Rita (p. 64), et dont je rappellerai les principaux fossiles.

Phacops aff. *P. latifrons* Bronn; — *Goniatites retrorsus*, de Buch ; — *G. sagittarius*, d'Arch. et de Vern. ; — *Leptæna Dutertrei*, de Verneuil et Keyserl ; — *Rynchonella acuminata*, Martin ; — *Atrypa reticularis* ; — *Spirifer euryglossus*, Schnur; — *S. disjunctus* Sow. variété *protensus* Ph. — *Spirigera concentrica* de Buch. ; — *Terebratula Baconnierensis*, Œhlert.

Ces couches sont caractérisées en outre par l'extrême abondance des polypiers.

Le système supérieur (p. 61) des schistes et des grès à végétaux renferme la même flore que celle que l'on rencontre dans les couches du système inférieur; il n'en diffère pas non plus sensiblement au point de vue minéralogique. Il se termine par des couches calcaires très-peu épaisses qui renferment des goniatites? indéterminables (p. 75).

Les assises inférieures de ce système supérieur se rattachent insensiblement aux couches fossilifères du dévonien moyen, malgré cela il est impossible d'affirmer que ce dépôt de rivage appartienne plutôt à cette dernière époque qu'à une formation un peu plus récente.

TERRAINS SECONDAIRES.

Trias inférieur. — Au-dessus des schistes et des grès dévoniens dont je viens de parler, on observe à Minorque un système de grès (p. 85) qui appartient au trias inférieur. Il atteint une épaisseur de cinq à six cents mètres, et se termine par des argiles rouges peu puissantes.

Le faciès de ces grès est identique à celui des grès du même âge des montagnes des Vosges. Seulement les poudingues inférieurs si puissants dans la région rhénane, manquent à Minorque ou n'ont qu'une très-faible épaisseur (p. 94, 100). Cette particularité distingue encore le grès bigarré des Baléares du trias inférieur d'Espagne.

Les empreintes végétales sont assez rares et en général indéterminables. Je n'ai reconnu que l'*E·quisetum arenaceum* (p. 106).

A Majorque, les grès bigarrés n'occupent qu'une très-faible partie de la surface totale de l'île, dont ils constituent la partie la plus ancienne.

Trias moyen et supérieur. — Au-dessus des grès bigarrés (p. 109) j'ai observé dans plusieurs localités des calcaires compactes gris de fumée dont les caractères lithologiques rappellent tout à fait ceux du Muschelkalk de la Lorraine et du Var, etc., ils se présentent sur une épaisseur de trente à quarante mètres et renferment une faune très-pauvre, représentée principalement par *Ceratites Heberti*, *Lingula Munieri*, (p. 111), et de petites baguettes d'*échinides.*

Ces assises sont surmontées (p. 113), par des calcaires en plaquettes (trias supérieur) couvertes d'*Hallobia Lommeli* et de petites *Posidonomya ;* on y remarque encore plusieurs espèces de cératites épineux qui s'éloignent beaucoup des cératites que l'on rencontre ordinairement dans le Muschelkalk. L'épaisseur du trias moyen et supérieur atteint environ de 70 à 80 mètres.

Lias moyen et supérieur. — Le terrain jurassique est constitué à Majorque et à Minorque par un ensemble puissant de couches calcaires dont on peut évaluer l'épaisseur totale à un minimum de quatre cents mètres. Il ne m'a pas été possible de voir leur contact avec le terrain triasique.

Il existe par conséquent des assises que je n'ai pu étudier, néanmoins leur épaisseur me paraît relativement très-peu considérable.

Les couches jurassiques fossilifères les plus anciennes que l'on ait rencontrées jusqu'à présent dans ces îles appartiennent au lias (p. 119). Elles se répartissent dans trois horizons. L'horizon le plus inférieur est celui que j'ai découvert à Maria; il appartient au lias moyen et se trouve représenté par des calcaires *à Spiriferina rostrata* (p. 122).

Le second horizon (p. 120) qui a été indiqué par M. Haime, fait également partie du lias moyen, mais il paraît par sa faune appartenir à une assise plus récente. Il n'est encore connu qu'à la Muleta près Soller. Les fossiles les plus communs sont: *Rynchonella tetraedra*, Sow.; *Terebratula Davidsoni*, Haime.

Enfin, le troisième horizon (p. 122), que j'ai trouvé à Alcoitx (Minorque) représente la base du lias supérieur. Il renferme en très-grande abondance la *Rynchonella meridionalis*, il correspond par conséquent aux couches qui ont été observées par M. Hébert dans le Var et dont ce savant géologue a pu indiquer la position exacte par rapport au lias moyen.

Les couches fossilifères du lias affleurent dans

des points où il ne m'a pas été possible de mesurer leur épaisseur.

Etages supérieurs au lias. — Au-dessus du lias (p. 126) on rencontre encore avant d'arriver aux couches à *Ammonites transitorius* de puissantes assises calcaires ; mais leur uniformité de composition minéralogique, la rareté ou l'absence des fossiles et la multiplicité souvent prodigieuse de failles qu'on y rencontre sont des obstacles considérables qui ne m'ont pas encore permis d'établir les relations stratigraphiques qui existent entre ces différentes couches.

Les seules indications que je puisse donner sont les suivantes :

1° Dans les environs d'Alcudia j'ai trouvé un fragment d'Ammonites rappelant par sa forme *A. Parkinsoni* (p. 128).

Les couches qui renferment cette espèce, correspondent très-probablement au Bajocien ou au Bathonien.

2° Au puig de Lofre dans des calcaires marneux j'ai rencontré quelques Ammonites indiquant probablement la présence de l'oxfordien moyen (p. 129).

Couches à Ammonites transitorius. — Les dernières couches jurassiques sans fossiles sont recouvertes par des calcaires compactes qui renferment en très-grande abondance les fossiles caractéristiques des couches à *Ammonites transitorius* (p. 129). L'aspect lithologique de cet horizon est le même qu'en France, et que dans le Tyrol, où ce niveau est si bien développé. Ces assises paraissent manquer à Minorque, mais à Majorque, elles se montrent sur un grand nombre de points, toujours accompagnées par le néocomien.

Les espèces principales qu'on y rencontre sont: *Ammonites transitorius; A. ptychoicus; A. Liebigi* (p. 132, 134).

Je n'ai pas vu entre ces couches et les calcaires jurassiques, les brèches qui ont été signalées en France et dans d'autres régions.

Les calcaires à *Ammonites transitorius* atteignent une épaisseur maximum d'environ 30 mètres, ils renferment quelques espèces qui se retrouvent dans le néocomien.

Néocomien. — Directement au-dessus des couches à *Ammonites transitorius* (p.138), on rencontre le néocomien proprement dit; les assises de Berrias manquent. Cet étage renferme des assises qui par leur faune paraissent appartenir à deux horizons. L'horizon inférieur (p. 160, 161, 165, 169), comprend quelques localités relativement peu riches en fossiles ; il est caractérisé par *Ammonites Astierianus, cryptoceras, Calisto, Terebratula janitor*. On y rencontre plus rarement l'*Ammonites difficilis*. L'horizon supérieur (p. 152, 153, 155, 157) est très-développé, il renferme une faune riche en Ammonites et en Céphalopodes déroulés, dont les espèces principales sont : *Ammonites difficilis, subfimbriatus, Mortilleti, Aptychus angulicostatus, Crioceras Duvalii.* Cet horizon se relie d'une manière intime avec les couches inférieures à *Ammonites Astierianus*, 1° par ses caractères lithologiques, 2° par sa faune, puisque nous trouvons associées au *Crioceras Duvalii* des espèces qui sont plus particulièrement cantonnées en France dans les assises inférieures ; ce sont *Ammonites Astierianus, cryptoceras, Belemnites subfusiformis, pistiliformis, dilatatus*, etc.

Le néocomien est formé de calcaires marneux qui atteignent une puissance d'environ 30 à 40 mètres. Dans quelques localités, son épaisseur se réduit à 8 ou 10 mètres.

Avant de terminer ce résumé, je dois encore rappeler que je n'ai vu nulle part de fossiles qui puissent faire supposer l'existence des étages cénomaniens, turoniens et sénoniens.

TERRAINS TERTIAIRES.

Éocène inférieur. — Les terrains tertiaires les plus inférieurs commencent par un dépôt lacustre (p. 178) qui repose toujours sur le néocomien. Cette formation qui manque à Minorque, joue un rôle très-important dans la constitution de Majorque. On l'observe surtout au centre de l'île, et au pied de la région montagneuse. La partie inférieure de ce dépôt est formée de marnes et de lignites, qui renferment des mollusques terrestres et lacustres. Les lignites ont été exploités autrefois avec beaucoup d'activité à Selva et à Binisalem. Aujourd'hui ils ne donnent plus lieu qu'à deux exploitations situées aux environs de Lloseta. La partie supérieure présente surtout des calcaires lacustres avec quelques fossiles d'eau douce. Cette formation qui atteint 70 mètres d'épaisseur possède une faune qui est jusqu'à présent spéciale à cette région (p. 184).

Ce dépôt se trouve très-souvent soit en discordance de stratification proprement dite avec l'éocène moyen, soit en discordance transgressive. Il a été en outre très-fortement raviné par la mer nummulitique qui avait une extension bien plus grande.

Eocène moyen. — Les calcaires nummulitiques reposent tantôt sur les couches lacustres éocènes, tantôt sur le néocomien, quelquefois sur le jurassique. La partie inférieure (p. 206) de ce système est formée par des calcaires qui renferment les grandes espèces de nummulites qui caractérisent l'horizon de San Giovanni Ilarione, *(Nummulites spira, perforata, Lucasana.)* Ces couches que l'on retrouve aussi à Cabrera (p. 208), ne sont connues que sur quelques points de la région méridionale de Majorque.

Eocène supérieur. — Il existe dans quelques localités de Majorque des couches qui appartiennent à l'éocène supérieur (p. 223, 226) et qui sont caractérisées par l'abondance des petites nummulites et par quelques espèces particulières de mollusques (*Ostrea Brongniarti, Sowerbyana, Cœlopleurus equis, Nummulites contorta, striata, intermedia, Operculina ammonea*).

Dans bien des cas, l'absence de fossiles m'a empêché de séparer l'éocène moyen de l'éocène supérieur, aussi ai-je dû les décrire dans un chapitre commun (p. 209, 210).

L'épaisseur minimum des calcaires nummulitiques est d'environ 150 mètres.

Miocène. — Le miocène (p. 234), est formé de couches calcaires qui se sont déposées sur les terrains primaires, secondaires et tertiaires. Le miocène inférieur n'a pas de représentant connu. Il paraît faire complétement défaut.

Miocène moyen. — Le miocène moyen (p. 235) est la formation tertiaire qui a la plus grande extension aux îles Baléares ; il présente deux subdivisions.

La subdivision inférieure (p. 235) est formée de calcaires qui renferment une grande quantité d'empreintes de mollusques, et de nombreux échinides, parmi lesquels dominent les *Clypeaster* et les *Schizaster*. Ce dépôt se retrouve avec les mêmes caractères en Corse, en Sardaigne, en Sicile, en Égypte et en Algérie.

La subdivision supérieure (p. 254) est constituée

par les couches à Ostrea crassissima qui ont environ 40 mètres de puissance ; elles renferment déjà beaucoup de cérithes de petite taille.

Miocène supérieur. — A la partie supérieure des couches à *Ostrea crassissima,* on rencontre des assises (p. 261) qui se relient intimement avec ces dernières et qui contiennent de nombreux petits cérithes (*Cerithium pictum. C.* aff. *C. rubiginosum*), c'est très-probablement la base des couches à *Cerithium pictum* de Vienne. Ces assises sont surmontées par des couches puissantes que j'ai désignées sous le nom de Calcaires de Belver (p. 262). Ce dernier dépôt qui avait été confondu avec le pliocène, renferme encore la *Lucina columbella,* mais il contient aussi l'*Arca diluvii,* le *Murex brandaris* et une variété de l'*Ancillaria glandiformis* qui est surtout propre au miocène supérieur de Stazzano.

Les dépôts miocènes ne s'arrêtent pas aux calcaires de Belver, car je dois signaler encore les calcaires de Santany (p. 265) dans lesquels on trouve beaucoup d'espèces vivantes, *Cerithium vulgatum, scabrum*, *Haliotis tuberculata*, et quelques espèces des faluns de Touraine, *Turbo muricatus, Monodonta Araonis.*

Aux environs de Son Crespi, on rencontre des bancs calcaires (p. 268) dans lesquels j'ai signalé des *Cardium* et des *Melanopsis* très-voisines des espèces qui caractérisent les couches à congéries.

Il faut encore ajouter à ces espèces, la *Melania Hollandei* Munier-Chalmas, qui se trouve dans les couches à congéries d'*Aleria* et une espèce nouvelle de *Paludestrina* qui se retrouve également dans la même localité. Je n'ai pas vu les rapports stratigraphiques de cet horizon qui paraît être un des termes les plus supérieurs du miocène supérieur.

Pliocène. — Je n'ai pas rencontré de couches marines qui puissent représenter le pliocène, il n'existe à ma connaissance qu'un dépôt lacustre (p. 272) qui corresponde à cet étage. Cette formation qui est très-limitée se trouve placée près de Palma, elle est formée de calcaires lacustres qui renferment en grande abondance des mollusques d'eau douce, parmi lesquels une espèce vivante, la *Melania tuberculata* et cinq espèces perdues. Ces dernières espèces sont spéciales à cette région, sauf la *Paludestrina Fischeri* qui se retrouve dans le pliocène supérieur de l'île de Rhodes.

TERRAIN QUATERNAIRE.

Couches à Cardium edule. — Les dépôts quaternaires commencent par des calcaires sableux et des poudingues (p. 278) renfermant en très-grande abondance des mollusques marins qui vivent encore presque tous dans la Méditerranée, sauf le *Strombus Mediterraneus* qui appartient à une espèce éteinte. Dans quelques localités on ne trouve plus que des *Cardium edule* et des *Paludestrina* (p. 282). Cette formation dont l'épaisseur est de quelques mètres seulement, ne s'éloigne pas du littoral actuel, son altitude ne dépasse pas 4 à 5 mètres. Elle est surmontée de dépôts puissants (p. 284) de calcaires marins, qui renferment des coquilles terrestres, notamment des helix qui vivent encore sur les collines environnantes.

Les couches quaternaires à helix s'élèvent à une altitude maximum de 70 à 80 mètres (p. 289), et comme elles commencent à quelques mètres au-dessus du niveau de la mer, leur épaisseur atteint sensiblement le même chiffre.

Près de Palma il existe encore un dépôt important de poudingue quaternaire (p. 292), sans fossiles dont je n'ai pas pu voir les rapports stratigraphiques.

Il me reste maintenant à dire quelques mots des roches éruptives; elles ont été étudiées par MM. Fouqué et Michel-Lévy (p. 303) qui ont reconnu dans quelques-unes d'entre elles des roches ayant la plus grande ressemblance avec les mélaphyres permiens. Ce fait est intéressant, car il résulte de mes observations que leur éruption est postérieure à une partie du terrain jurassique (p. 303, pl. 1, fig. 1). Presque toutes proviennent de Majorque; à Minorque, je n'ai rencontré qu'un seul dycke de porphyrite andésitique.

INDEX.

Ce chapitre se divise en quatre parties :

La première contient l'explication des coupes géologiques générales.

La seconde, l'explication des cartes géologiques.

La troisième, la liste et la place des coupes intercalées dans le texte.

La quatrième, la liste des ouvrages cités dans le cours de ce travail.

I.

EXPLICATION DES COUPES GÉOLOGIQUES GÉNÉRALES.

MAJORQUE.

Coupe de Soller à Manacor.

(Pl. I, Fig. 1)

La coupe de Soller à Manacor montre la configuration générale du sol de Majorque. En partant du bord de la mer près de Soller, on rencontre d'abord les calcaires jurassiques entamés par une faille contre laquelle vient buter le lias moyen. En continuant à s'avancer vers le Sud-Est, on rencontre de nouveau les calcaires jurassiques, puis une nouvelle faille. Après avoir dépassé Soller, on ne tarde pas à rencontrer près de Bimaraix un dycke de *mélaphyre andésitique* (pétr. n° 14), encaissé de toute part par les terrains jurassiques. Il a environ 50 mètres d'épaisseur. Sa direction est Nord-Sud. On rencontre à deux ou trois kilomètres de ce point d'autres dyckes de mélaphyres qui sont également encaissés dans le terrain jurassique ; leur épaisseur varie de 50 à 100 mètres. On peut souvent suivre leurs affleurements sur plus de cent mètres, mais comme ces roches se transforment très-facilement en argile il arrive que sur beaucoup de points il est impossible de tracer leur limite exacte. Arrivé au sommet du puig de Lofre, on aperçoit sur le versant qui regarde Soller un autre dycke de roche éruptive appartenant à une *andésite à sanidine* (pétr. n° 4). La direction de ce nouveau dycke est Est-Ouest, il a près de 100 mètres d'épaisseur et se montre sur un parcours de plus de 1500 mètres. En ce point, les couches jurassiques sont plus récentes, elles s'élèvent jusqu'à mille mètres et paraissent correspondre à l'oxfordien, elles plongent toujours au Sud-Est. Cette partie de la coupe est destinée à démontrer que les éruptions ont eu lieu après le dépôt des assises jurassiques.

En descendant par le versant opposé, on marche encore longtemps sur le terrain jurassique dont les couches sont de nouveau interrompues par une succession de failles. Avant d'atteindre Lloseta, on coupe successivement les couches à *A. transitorius*, les assises néocomiennes, la formation lacustre, puis les calcaires nummulitiques. On a déjà remarqué que ces différentes assises plongent vers le Sud-Est et que jusqu'à Lloseta la succession est normale. Immédiatement au-dessus des calcaires nummulitiques, on trouve les couches du quaternaire à galets. De l'autre côté de la petite dépression qu'elles occupent, on voit affleurer le miocène moyen contre lequel elles viennent buter.

Les couches peu inclinées et légèrement ondulées du miocène moyen s'avancent jusque près de Sineu. A partir de ce point, on rencontre l'éocène inférieur avec des plis très-accusés. Avant d'arriver à Petra, on coupe une voûte dont les couches supérieures appartiennent au néocomien. Ces couches qui s'abaissent assez rapidement du côté de Petra, ont servi de rivage à la mer miocène. De Petra à Manacor, les dépôts du miocène moyen sont horizontaux; près de Manacor, ils viennent s'adosser sur la rive opposée contre un petit massif jurassique qui supporte vers son milieu un lambeau de néocomien, et dont le versant opposé a servi de rivage à la mer du miocène supérieur. Ce niveau est formé de couches horizontales qui ont été fortement ravinées, près du rivage actuel de la mer, par les terrains quaternaires.

Coupe d'Estellenchs à Palma.

(Pl. I, Fig. 3).

Cette coupe part de l'ancien marais du Prat, elle longe le bord de la mer jusqu'à Palma, pour s'engager dans l'extrémité Sud de la Cordillère principale.

L'emplacement de l'ancien marais desséché du Prat est occupé par des alluvions récentes qui viennent s'adosser contre les calcaires quaternaires à helix. Après avoir dépassé le bord Nord-Ouest du Coll d'en Rebasa, on rencontre la petite colline de Palma, qui est formée par les dépôts quaternaires à galets. Ces couches ont été représentées comme si elles étaient plus récentes que les dépôts quaternaires à helix, mais j'ai déjà dit plus haut que ce fait n'était pas démontré.

En continuant à s'avancer, on arrive à la colline de Belver qui est formée à sa partie supérieure par les dépôts du miocène supérieur, mais comme la coupe ne passe pas par le sommet de cette colline, on n'aperçoit que les assises presque horizontales à Ostrea crassissima qui viennent buter contre les bancs presque verticaux de calcaire nummulitique.

Les couches nummulitiques sont peu épaisses ; elles reposent directement sur le néocomien, l'absence de la formation lacustre éocène indique encore dans ce point une lacune analogue à celles que j'ai déjà constatées souvent.

Lorsque l'on arrive au sommet de la montagne de Valdurgent, qui s'élève à 400 mètres, on a marché depuis quelque temps sur les couches jurassiques. En descendant le versant opposé, on rencontre de nouveau le néocomien qu'une faille fait plonger en sens inverse. En continuant à s'avancer vers Puigpugnent, on retrouve le terrain jurassique avec une nouvelle faille. Lorsque l'on va de ce point à Estellenchs, on constate que les couches jurassiques forment un pli concave dont le centre est occupé par un petit bassin tertiaire. L'âge de ces couches tertiaires n'est pas encore bien établi, j'ai dû les rapporter provisoirement à l'éocène supérieur. Elles sont comme on le voit indépendantes des autres couches nummulitiques, qui reposent presque toujours soit sur l'éocène inférieur, soit sur le néocomien. Du reste, ce fait n'est pas isolé, car dans cette région on en retrouve d'autres exemples.

Enfin, après avoir dépassé Estellenchs, on franchit successivement le terrain jurassique, le trias moyen et supérieur, puis les grès bigarrés qui forment des falaises presque à pic.

MINORQUE.

Coupe de la Mola au golfe d'Algairens.

(Pl. I, Fig. 2).

Cette coupe part de la rade de Mahon pour aboutir à la mer en arrière de Binicaño.

En partant de la rade de Mahon, on aperçoit des schistes dévoniens très-fortement redressés. Ils supportent le rocher de la Mola formé par les couches horizontales du miocène moyen. Après avoir dépassé la ferme de San Isidoro, on voit que les schistes dévoniens viennent buter par suite d'une faille contre les grès bigarrés qui plongent en sens inverse. Puis on gravit des pentes qui conduisent au plateau d'Alayor, et l'on franchit successivement les affleurements du trias moyen et supérieur, puis tout le massif jurassique dépourvu de fossiles.

En redescendant le versant opposé, on rencontre en sens inverse la même succession. A partir de San Juan jusqu'à Binicaño, on a une succession de failles qui ramènent tantôt le grès bigarré, tantôt le dévonien. Enfin après avoir dépassé Binicano, on rencontre une colline formée du trias moyen et supérieur et de calcaires jurassiques dont les couches plongent sous la mer.

II.

EXPLICATIONS DES CARTES GÉOLOGIQUES.

L'imperfection des cartes topographiques de Majorque et de Minorque jointe à la surface considérable des couches à étudier, ne m'ont pas permis de donner une carte géologique détaillée de ces deux îles.

Néanmoins j'ai pensé qu'il était utile de joindre à mon travail des esquisses géologiques approximatives, groupant mes observations pour former un ensemble que des études postérieures compléteront et rectifieront.

MAJORQUE.

Des signes distinctifs au nombre de quatorze indiquent les principaux terrains de cette île.

1° Les roches éruptives sont réparties exclusivement dans la région montagneuse occidentale ; j'ai utilisé pour tracer leur contour la carte de M. Bouvy, pensant que la facilité avec laquelle elles se distinguent des roches sédimentaires était une garantie suffisante contre les confusions que cet auteur a souvent commises en parlant des autres formations. J'ai ajouté quelques gisements nouveaux à ceux qui étaient connus.

L'épaisseur des massifs éruptifs a été exagérée pour le besoin de la représentation graphique. Dans beaucoup de cas ce sont des groupements de dyckes distincts mais très-rapprochés.

2° J'ai réuni sous un même signe le trias inférieur et le trias moyen. Le peu d'importance des affleurements de ce terrain dans l'île de Majorque m'a permis de faire cette simplification. On remarquera que je n'ai signalé le trias qu'aux environs d'Estellenchs et de Banalbufar. Il est possible que des observations ultérieures démontrent plus tard son existence sur le bord de la mer au Sud-Ouest de ces points, en se dirigeant vers l'île de Dragonera.

3° Je n'ai employé qu'un seul signe pour indiquer le terrain jurassique qui avait été divisé en deux étages par M. Bouvy (*lias et oxfordien*). Dans l'état actuel de nos connaissances, une semblable division est tout à fait prématurée ; je ne crois pas que l'on puisse établir de divisions basées uniquement sur des apparences minéralogiques ; aussi n'ai-je indiqué le lias et l'oxfordien que dans les localités où les fossiles recueillis me permettaient de faire cette assimilation.

4° et 5° Les calcaires à Ammonites transitorius sont indiqués par un trait noir placé au-dessous du signe réservé aux couches néocomiennes qui accompagnent cet horizon.

Les progrès ultérieurs de la géologie des Baléares auront certainement pour résultat d'élargir la surface occupée par les calcaires à Ammonites transitorius et par le néocomien ; il en adviendra comme conséquence une diminution dans l'étendue occupée par le terrain jurassique.

Je crois qu'un certain nombre de lambeaux néocomiens seront découverts plus tard sur le versant Sud-Est de la Sierra principale et dans la région d'Arta où le terrain néocomien n'est pour ainsi dire qu'indiqué.

6° La grande extension topographique du système lacustre et l'importance géologique de cet étage m'a engagé à le séparer de l'éocène moyen avec lequel M. Bouvy l'avait réuni; les principaux gisements sont figurés dans les environs de Sineu au centre de l'île.

7° L'éocène moyen et une partie de l'éocène supérieur ont été réunis ensemble sous le nom de calcaire nummulitique parce que dans la majorité des cas, le manque de documents paléontologiques ne permet pas de faire cette séparation avec certitude.

J'ai indiqué les principaux gisements que j'ai rencontrés: je pense cependant qu'il doit encore en exister entre Santany et Arta. Le terrain crétacé et le terrain éocène sont si souvent dérangés par des failles qu'il est impossible de les représenter avec exactitude sur une carte géologique de petite dimension. Je n'ai pu représenter que les groupements généraux.

8° Il existe dans la partie Sud-Ouest de Majorque des dépôts localisés que j'ai désignés par un signe particulier en les rapportant provisoirement à l'éocène supérieur.

9° J'ai réuni sous un même signe les calcaires à clypéastres et les assises à *Ostrea crassissima*. Si on excepte quelques points isolés, comme les environs de Deya, on verra que tous ces dépôts sont répartis dans la région centrale de Majorque, où ils occupent une surface considérable.

10° J'ai adopté une teinte particulière pour le miocène supérieur qui forme une grande partie du plateau méridional de Majorque.

11° Le pliocène n'existe que sur une surface très-restreinte située aux environs de Palma.

12° Les couches quaternaires à galets occupent une vaste surface au pied de la Cordillère principale.

13° Les dépôts quaternaires à helix sont figurés sur beaucoup de points; un certain nombre d'affleurements de peu d'importance et dont on trouvera l'indication dans le texte, n'ont pas pu être indiqués sur la carte.

J'ai jugé inutile de distinguer par un signe spécial les couches à

Cardium edule qui se trouvent à la base du terrain quaternaire, mais qui ne se rencontrent en réalité que dans un nombre très-restreint de localités qui sont citées d'ailleurs dans le cours de mon travail.

14° J'ai signalé les alluvions récentes sur quatre points ; elles occupent une surface qui était couverte autrefois de grands marais. Leur contour a été déterminé principalement d'après la carte de M. Bouvy.

MINORQUE.

J'ai adopté pour la carte de Minorque une échelle plus grande que pour celle de Majorque. La disposition générale des terrains de Minorque rend l'étude de cette île plus facile, et permet de tracer avec plus d'exactitude les limites des différentes formations.

1° Les roches éruptives n'ont encore été trouvées que sur un seul point, près de Ferragut. Il ne me paraît pas que le nombre des localités doive s'accroître beaucoup.

2° et 3° La facilité avec laquelle on sépare le trias inférieur du dévonien, a permis de tracer assez exactement les contours de ces deux terrains, ainsi que la limite du grès bigarré et du trias moyen et supérieur.

4° Le peu d'épaisseur du Muschelkalk et du Keuper m'a forcé de réunir ces deux terrains. Je ferai remarquer que l'absence de fossiles rend la limite du trias supérieur et du terrain jurassique très-difficile à tracer. Des recherches ultérieures pourront modifier notablement les contours respectifs de ces deux formations.

5° L'absence de documents paléontologiques empêche d'établir dans les terrains jurassiques aussi bien à Minorque qu'à Majorque des subdivisions.

On trouvera dans le texte l'indication précise des localités où j'ai recueilli la *Rynchonella meridionalis*.

6° Le néocomien occupe une surface très-restreinte située près du cap Pontinat.

7° Les calcaires à clypéastres sont les seuls représentants des terrains tertiaires ; ils occupent la partie méridionale de l'île ; la ligne qui les sépare des autres formations est en général assez facile à tracer.

8° Les principaux gisements de calcaire à helix ont été indiqués ; cependant il existe beaucoup de petits affleurements qui n'ont pu être marqués sur la carte à cause de leur peu d'étendue, principalement aux environs de Ciudadella et de Mercadal.

Je crois que mes tracés ont une approximation qui permet de donner les surfaces occupées par les différentes formations, en supposant le terrain quaternaire enlevé.

Si l'on admet que la surface de Minorque est d'environ 750 kilomètres carrés, la surface des différents terrains sera :

1° Dévonien : 130 kilomètres carrés.

2° Grès bigarré : 94.

3° Trias moyen et supérieur : 25.

4° Jurassique : 65.

5° Néocomien 1.

Ce qui donne pour les terrains primaires et secondaires 315 kilomètres carrés et pour la surface occupée par les calcaires à clypéastres 435 kilomètres carrés.

III.

LISTE DES COUPES INTERCALÉES DANS LE TEXTE.

La liste ci-dessous donne l'échelle des coupes qui ont été intercalées dans le texte, elle renvoie également aux pages où elles sont placées.

Je dois aussi faire remarquer que dans toutes les coupes où se trouve indiqué l'*éocène moyen* il faut y ajouter l'*éocène supérieur*, la légende devant être « *éocène moyen et supérieur.* »

IV.

INDEX BIBLIOGRAPHIQUE.

1. 1752. ARMSTRONG. — *The history of the Island of Minorca.*
Cet ouvrage a été réimprimé en 1756. Il fut traduit en Français en

1769. Une traduction espagnole par D. Antonio Lasciura d'après la version française parut en 1781. La traduction française est incomplète.

2. 1779. CLEGHORN. — *Observations on the epidemical diseases in Menorca from the year* 1744, *to* 1779.

3. 1787. D. MIGUEL VARGAS. — *Descripciones de las Islas Pithiusas y Baleares de orden superior. Madrid. En la imprenta de la viuda de Ibarra, Hijos y compania.* Sans nom d'auteur.

4. 1807. GRASSET DE SAINT-SAUVEUR. — *Voyage dans les îles Baléares et Pithiuses fait dans les années* 1801, 1802, 1803, 1804 et 1805.

Paris, Léopold Collin ; La Haye, Immerzeel.

5. 1814. Dr D. JUAN RAMIS Y RAMIS. — *Specimen animalium, vegetabilium et mineralium in insula Minorica frequentiorum ad normam Linneani sistematis. Mahon imprenta de Serra* (Sans nom d'auteur).

6. 1827. ELIE DE BEAUMONT. — *Note sur la constitution géologique des îles Baléares* (Annales des sciences naturelles, 1re série, t. X, p. 423).

7. 1834. DE LA MARMORA. — *Observations géolologiques sur les deux îles Baléares,* (Majorque et Minorque). — *Memorie della R. Academia delle scienze di Torino,* T. XXXVIII, p. 51.

Cet ouvrage a été traduit en espagnol.

Observaciones geologicas sobre las islas Baleares Mallorca y Menorca escrito en frances por el Caballero D. Alberto de la Marmora y traducidas por D. Antonio Furio. Palma, imprenta de Gelabert, 1846.

8. 1836. BOVER. — *Noticias historico-topograficas de la isla de Mallorca. Palma, libreria de D. Felipe Guasp.*

(Une deuxième édition a été publiée en 1864).

9. 1843. FOLTZ. — *The endemical influence of evil government, illustrated in a view of the climate, topography and diseases of the Island of Minorca.* (New-York, Langley).

10. 1845. BOUVY. — *Coupe de la côte de Binisalem dans l'île Majorque formée de terrain crétacé.*

Bulletin de la Société géologique de France, (2e série, t. 2).

11. 1852. BOUVY. — *Resena geognostica de la isla de Mallorca y descripcion de la situacion y explotacion de la hulla del terreno secundario de esta isla. Revista minera,* t. III.

12. 1854. — Dr D. FERNANDO WEYLER Y LAVINA. — *Topografia fisico medica de las islas Baleares y en particular de la de Mallorca. Palma, Gélabert.*

13. 1855. JULES HAIME. — *Notice sur la géologie de l'île Majorque. Bulletin de la Société géologique de France* (2e série, t. XII).

14. 1857. DE LA MARMORA. — *Voyage en Sardaigne.*

15. 1857. BOUVY. — *Note sur les lignites des îles Baléares. Bulletin de la Société géologique de France,* (2e série, t. XIV).

16. 1865. MARÈS. — *Aperçu général sur le groupe des îles Baléares et leur végétation.*

Bulletin de la Société botanique de France.

Cette note a été traduite en espagnol et publiée à Mahon en 1868, chez Fabregues.

17. 1865-68. D. RODRIGUEZ Y FEMENIAS. — *Cataloguo razonado de las plantas vasculares de Menorca.*

Mahon, *tip. de Fabregues hermanos.*

18. 1867. BOUVY. — *Ensayo de una descripcion geologica de la isla de Mallorca, comparada con las islas y el littoral de la cuença occidental del Mediterraneo. Palma, imprenta de Felipe Guaspy Vicens.*

19. LOUIS SALVATOR. — *Die Balearen.*

20. 1874. D. RAFAEL OLEO Y QUADRADO. — *Historia de la isla de Menorca. — Ciudadella de Menorca. Tip de D. S. Fabregues.*

21. 1878. HERMITE. — *Observations géologiques sur les îles Majorque et Minorque. — Comptes-rendus,* t. LXXXVII, p. 1097. *id.* t. LXXXVIII.

22. 1879. HERMITE. — *Note sur la position qu'occupent à l'île Majorque les Terebratula diphya et janitor. — Compte-rendu somm. des séances de la Soc. géologique,* p. XVII.

23. 1879. HERMITE. — *Description de quelques fossiles nouveaux des îles Baléares. — Compte-rendu somm. des séances de la Soc. géologique,* p. XL.

ERRATA :

Page	Ligne		Au lieu de		Lire
Page 29,	ligne 1,	*au lieu de :*	Majorque,	*lire :*	Minorque.
— 43,	— 16,	—	platau,	—	plateau.
— 51,	légende de la coupe,	—	Clypéartres,	—	Clypéastres.
— 64,	ligne 1,	—	murin,	—	marin.
— 80,	— 10,	—	blanc,	—	banc.
— 128,	— 21,	—	*athlet,*	—	*athleta.*
— 261,	— 23,	—	*rubiginorum,*	—	*rubiginosum.*
— 264,	— 10,	—	Einn,	—	Linn.
— 286,	— 26,	—	*Brugnierei,*	—	*Bruguierei.*
— 289,	— 5,	—	una,	—	une.

DEUXIÈME THÈSE.

PROPOSITIONS DONNÉES PAR LA FACULTÉ

1° *Zoologie.* — Les zoophytes.

2° *Botanique.* — Comparer le développement de la tige et de la racine chez les dicotylédones.

Vu et approuvé, le 14 juin 1879.

Le doyen de la Faculté des sciences,

MILNE EDWARDS.

Permis d'imprimer, le 15 juin 1879.

Le vice-recteur de l'Académie de Paris,

GRÉARD.

Paris. — Impr. F. Pichon, 51, rue des Feuillantines, et 14, rue Cujas.

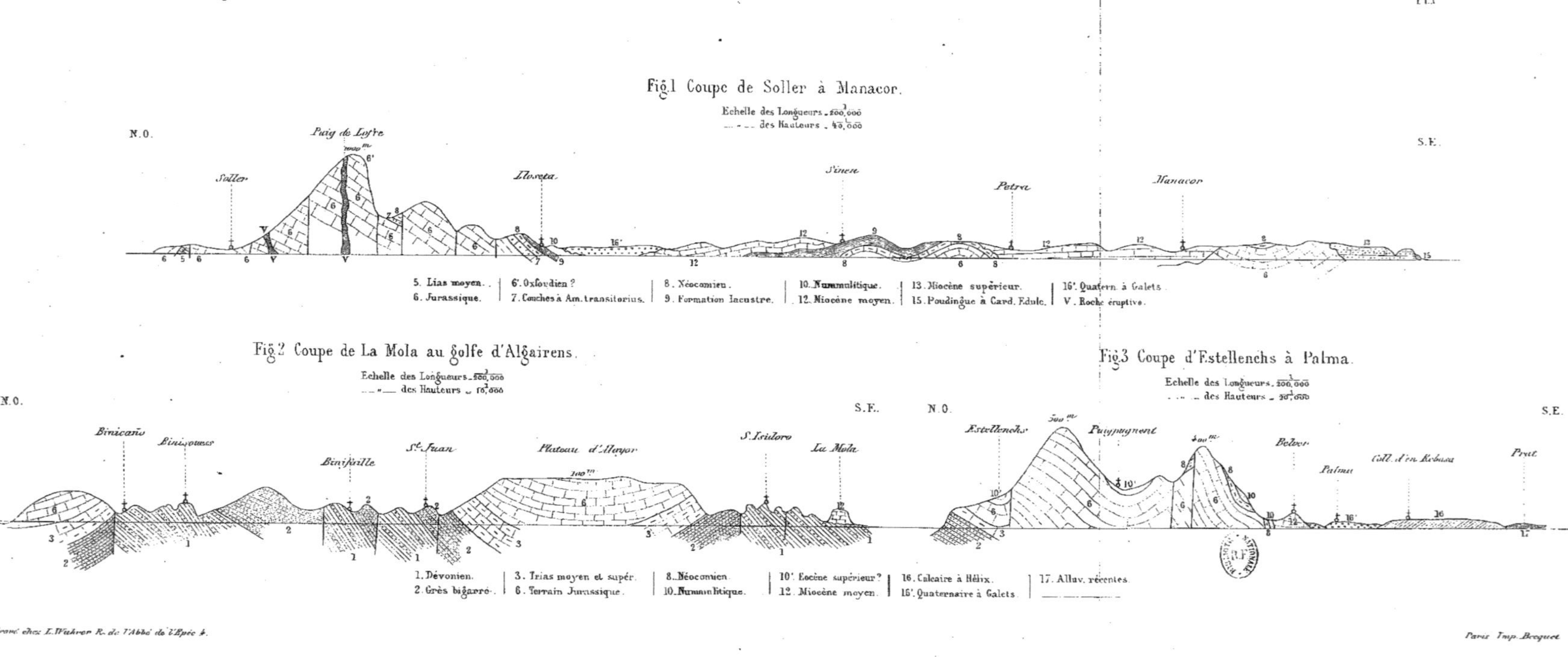

Fig. 1 Coupe de Soller à Manacor.
Echelle des Longueurs $\frac{1}{200,000}$
— des Hauteurs $\frac{1}{40,000}$

Fig. 2 Coupe de La Mola au golfe d'Algairens.
Echelle des Longueurs $\frac{1}{200,000}$
— des Hauteurs $\frac{1}{10,000}$

Fig. 3 Coupe d'Estellenchs à Palma.
Echelle des Longueurs $\frac{1}{200,000}$
— des Hauteurs $\frac{1}{20,000}$

Gravé chez L. Wuhrer R. de l'Abbé de l'Epée 4.

Paris Imp. Becquet

HERMITE. Géologie de Majorque et Minorque.

PL. 2.

ESQUISSE G[illegible] DE L'ILE MAJORQUE.

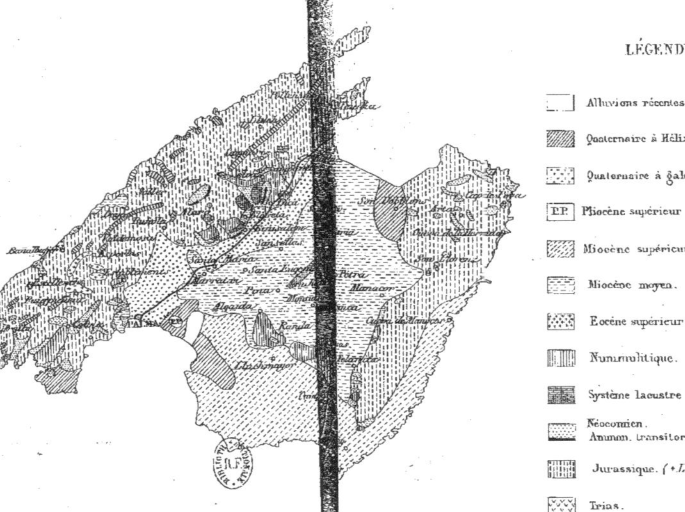

LÉGENDE.

- Alluvions récentes.
- Quaternaire à Hélix.
- Quaternaire à galets.
- P.P. Pliocène supérieur
- Miocène supérieur.
- Miocène moyen.
- Eocène supérieur ?
- Nummulitique.
- Système lacustre (*Eoc. inf.*)
- Néocomien.
Ammon. transitorius.
- Jurassique. (+ *Lias* ‡ *Oxfordien*)
- Trias.
- Roches éruptives.

Gravé chez L. Wuhrer. R. de l'Abbé de l'Epée 4.

Paris Imp. Becquet.

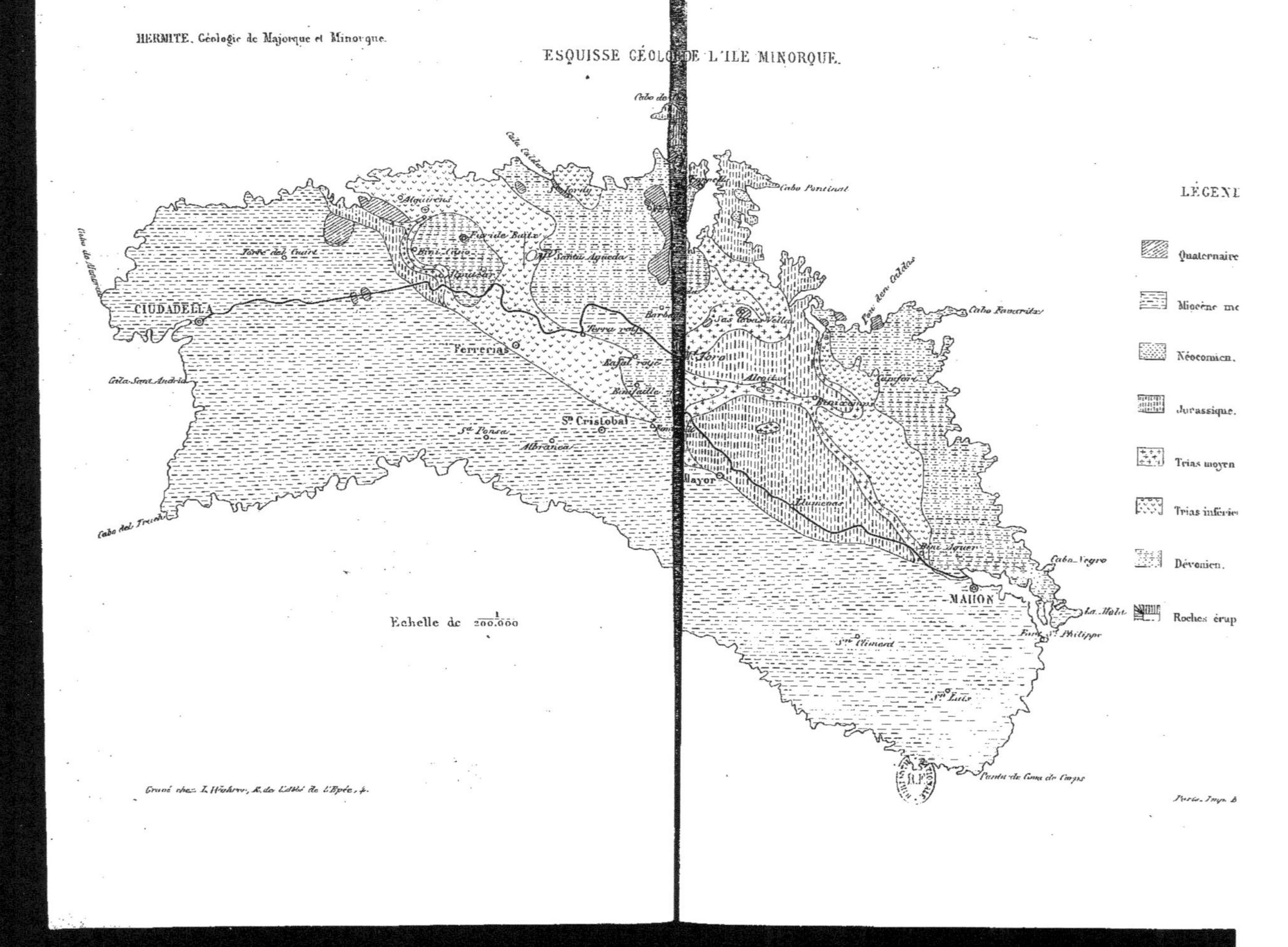
HERMITE. Géologie de Majorque et Minorque.
ESQUISSE GÉOLO DE L'ILE MINORQUE.
CIUDADELLA
Ferrerias
St. Cristobal
Mayor
MAHON
Cabo Pentinat
Cabo Favaritx
Cabo Negro
La Mola
Fort St. Philippe
Cala Sant Andria
Cabo del Trench
Torre del Cuiri
Alayor
Sas Covas Vellas
Bonifaille
Santa Agueda
Algairens
Faride Baix
Biniaxons
Echelle de $\frac{1}{200.000}$
LÉGENI
Quaternaire
Miocène mo
Néocomien.
Jurassique.
Trias moyen
Trias inférie
Dévonien.
Roches érup
Gravé chez L. Wuhrer, R. de l'Abbé de l'Epée, 4.

HERMITE. Géologie de Majorque et Minorque. PL. V.

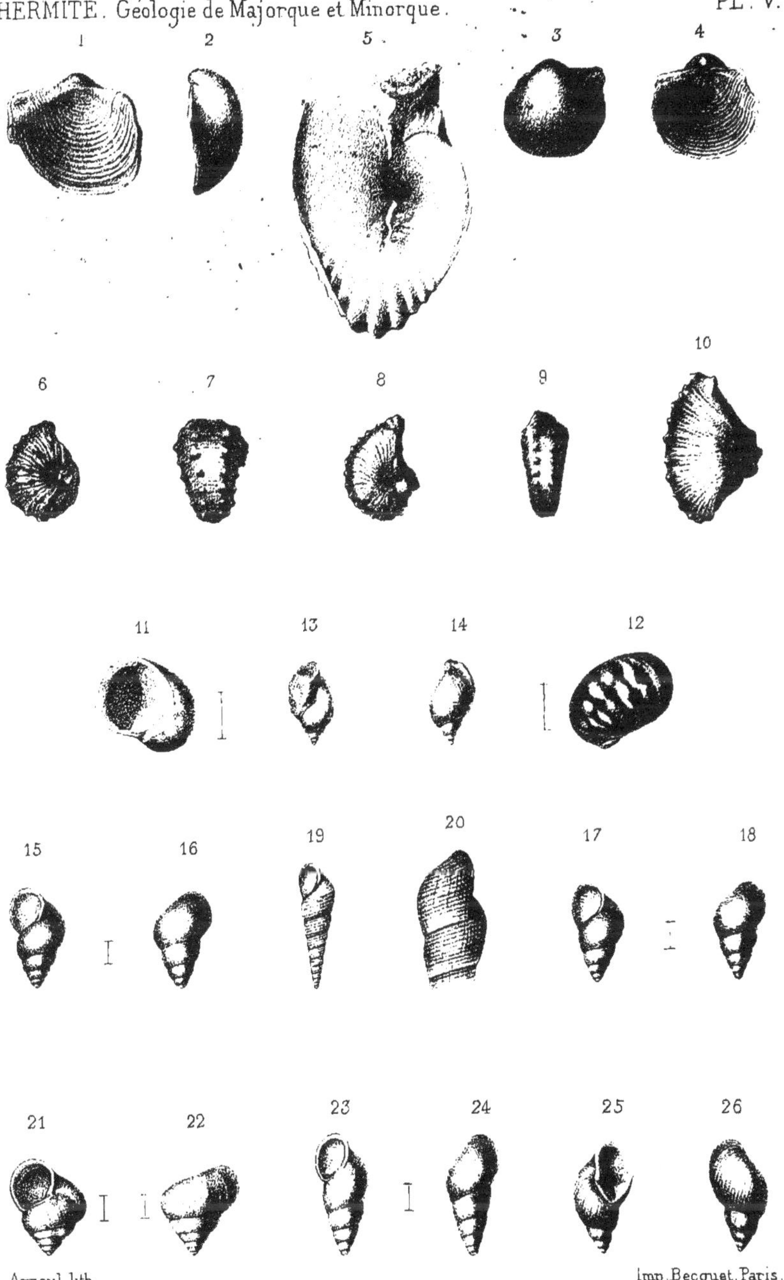

Arnoul lith. Imp. Becquet, Paris.

1 – 4. Productus Chalmasi, Herm.
5. Am. macrotelus, Opp.
6 – 7. Am. Geronimæ, Herm.
8 – 10. Am. Cardonæ, Herm.
11 – 12. Neritina Munieri, Herm.
13 – 14. Lymnæa Vidali, Herm.
15 – 18. Paludestrina Hidalgoi, Herm.
19 – 20. Melania Heberti, Herm.
21 – 22. Valvata Landereri, Herm.
23 – 24. Paludestrina Tournoueri, Herm.
25 – 26. Physa Jaimei, Herm.

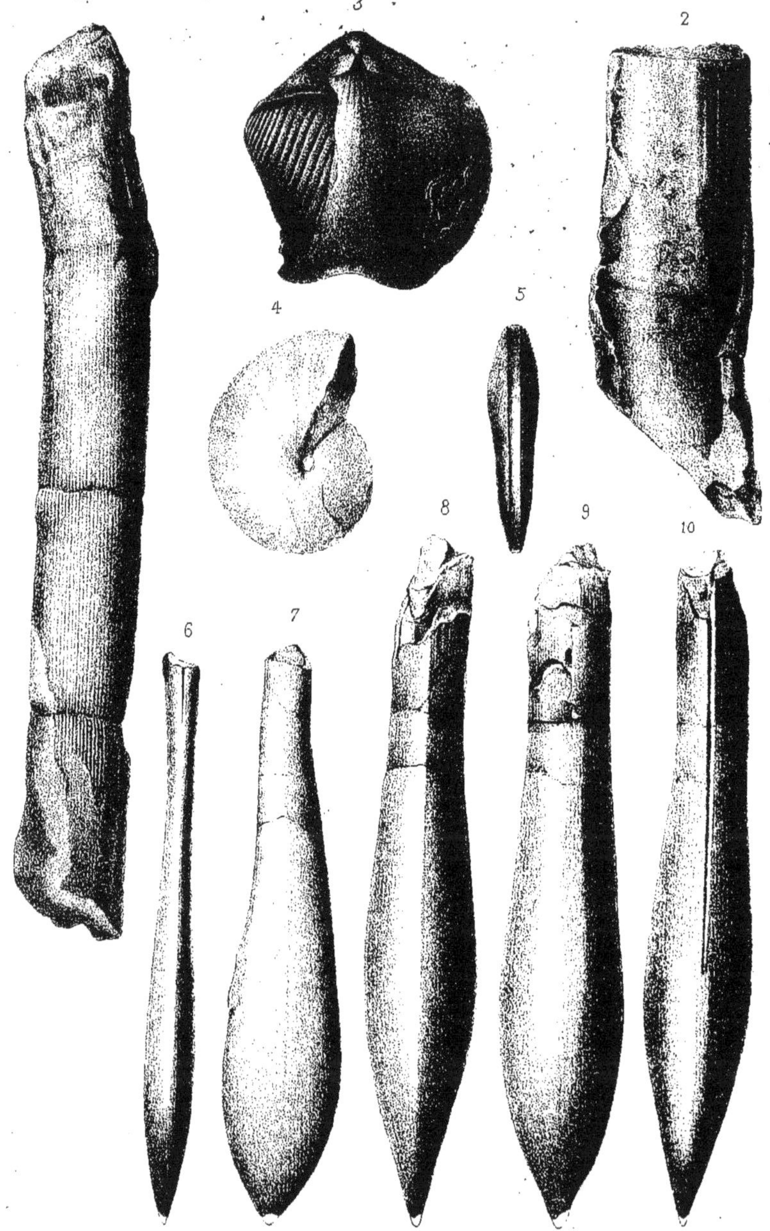

Arnoul lith. Imp. Becquet, Paris.

1. Archæocalamites Renaulti, Herm.
2. Archæocalamites sp.
3. Spirifer euryglossus, Schnur.
4_5. Am. Sauvageaui, Herm.
6_7. Bel. Œlherti, Herm.
8_10. Bel. Salvatoris Austriæ, Herm.

www.ingramcontent.com/pod-product-compliance
Ingram Content Group UK Ltd.
Pitfield, Milton Keynes, MK11 3LW, UK
UKHW012008240726
13965UKWH00001B/224